權威醫療團隊寫給妳的

寶寶安心副食品×
病症照護全攻略

彰化秀傳暨彰濱秀傳紀念醫院
林圓真・吳宗樺・張日錦・楊樹文・林劭儒 / 合著

提供新手父母們一個
完整、正確以及實用的指引

　　兒童是國家未來的主人翁，有健康的兒童，未來我們的國家才有健康的人口。隨著現代表觀遺傳學（epigenetics）的發展，近年來許多學者支持DOHaD 學說（Developmental Origins of Health and Disease、健康和疾病的發育起源），人類早期的發展過程中（胚胎及幼兒時期），經歷了一些不良事件，會在基因的表現上發生永久性的改變，這樣的改變將會增加成年期的代謝症候群、心血管疾病、精神及神經疾病等等慢性非傳染性疾病的發生，而這所謂的不良事件當中營養不良或營養過剩是我們為人父母最能為我們的孩子去努力避免的部分。所以幼兒營養的重要性並不只是要讓他們長高長壯，更重要的是要為我們的下一代奠定一生良好健康的基石。

　　我就算是身為小兒科專科醫師，平常受的訓練是治病和救人，當一次照顧自己的孩子時，也跟所有新手父母一樣的手忙腳亂，很多知識也都是邊帶孩子邊學，特別是要給孩子吃什麼，常常是件很苦惱的事，當時也只能由長輩、同事、網路上尋求一些知識再慢慢從自己的孩子身上實驗，融合成自己的經驗，再分享給家長們，很多媽媽喜歡跟我在門診聊聊媽媽經或者聽我在媽媽教室演講，我都跟他們說必須謝謝我女兒這隻白老鼠。所以有一本由專業人員用心撰寫的工具書對於新手爸媽真的是一件非常有幫忙的事。

　　本書從新生嬰兒為奶、嬰兒副食品添加、幼兒固體食物的選擇到嬰幼兒常見疾病的介紹，循序漸進、鉅細靡遺，圖片的編排也非常的精美，真的可以感受到作者群們的用心，我相信這一本書的出版，一定可以提供新手父母們一個完整、正確以及實用的指引，為我們的下一代一生良好健康打下良好基礎。

臺中榮民總醫院兒童醫學中心 中心主任

林明志

新手父母不再焦慮與煩憂

　　猶記得小女出生前，我就加入了親餵哺乳的網路社團；進入副食品期間，除了各網路社團還增添好幾本書。彼時這類書籍主要來自人氣部落客的心得分享，比較有系統性的多出於日文翻譯。我曾一度煩惱過要去哪兒買羊栖菜跟黃豆粉（日本常見的食材）——明明在地新鮮風味都嚐不完了！只能說新手媽媽的資訊焦慮，有時反讓人陷入死胡同。

　　因此，非常樂見秀傳醫療體系有幸與廣廈出版集團第三次合作，繼《權威醫療團隊寫給妳的懷孕生產書》，以及《權威醫療團隊寫給妳的坐月子‧新生兒照護全攻略》陪新手爸媽熬過孕期種種不適，度過月子期間又甜蜜又疲累的時光，邁向嬰兒的下一個里程碑：副食品。

　　由專業營養師以台灣在地食材出發，搭配成長時程，系統性的介紹如何引入副食品。搭以圖說，即便不擅廚藝的家長亦能輕鬆上手。

　　不僅如此，秀傳醫療體系的小兒科專科醫師們更發揮所長，傳授獨家0～3歲寶寶常見的疾病攻略！要是這本書早些問世，我的小兒科同儕們可以少接收些我的騷擾。各位可別以為醫師養起孩子比較上手，事實上小女曾經從溜滑梯跌落大哭，明明外科醫師的專業告訴我實在沒事毋需就診，但實在太擔憂，最後還是送去急診室照X光求安心（汗顏）。

　　面對一個軟軟糯糯粉嫩粉嫩，話還沒說全的小生命，要能望聞問切，袪病解熱，小兒科醫師真是我心中的天使下凡，本書可說是新手爸媽的福音，解了大家心頭的焦慮與煩憂。

　　願天下每個小生命，都能平安健康的長大。

秀傳紀念醫院大腸直腸外科主治醫師

林安仁

新手爸媽第一本
認識寶寶的工具手冊

　　副食品是寶寶從母乳和配方奶過渡到正常飲食之間的重要過程。這本書不但幫助新手爸媽建立母乳、配方奶、和副食品正確的觀念，還提供不同時期寶寶的飲食建議。

　　最後一個篇章更說明面對寶寶各種疾病症狀應該注意的事項和簡易常見兒童疾病概念，可以當成新手爸媽第一本認識寶寶的工具手冊，在初始育兒道路上免於焦慮和煩惱，無後顧之憂地陪伴寶寶成長，是相當值得推薦的育兒寶典。

中山醫學大學附設醫院兒童急診科主任

臉書 Dr.E 小兒急診室日誌

謝宗學

在副食品這條路上，
為所有爸媽提供最完整的攻略

　　很多新手爸媽面對寶寶，往往都是一頭霧水，不知道該如何餵食母奶或配方奶的奶量和餵食時間，擔心多餵少餵都會影響寶寶健康。再來就要擔心寶寶多大時才開始給副食品？如果寶寶是過敏兒副食品該怎麼吃？爸媽在準備寶寶副食品時，在各階段會遇到不同問題，別擔心，這本書針對各階段爸媽遇到的問題，提供完整攻略，讓你育兒覺得輕鬆快樂。

　　當寶寶進入 4～6 個月的時候，已經可以開始進漸進式提供副食品，太早給副食品或者太晚給副食品可能會增加過敏機率，寶寶免疫黃金時期正是 4～9 個月大的時候，這本書分享過敏飲食新知識，幫助寶寶吃出良好的腸道功能，提升完整防護力，預防過敏的發生。

　　這本書提供職業爸媽也能輕鬆準備副食品的方法，雖然原則很簡單，對沒有廚房經驗的爸媽卻是不知所措。這本書依照口腔發展 4 階段進程提供準備副食品的前處理、烹調方法，讓新手爸媽們可儘快上手。

　　希望這本書可以讓爸媽得到啟發，幫助寶寶從小學到營養均衡和培養良好的飲食習慣，就從副食品開始為未來良好習慣打下基礎。爸媽既然花時間下廚，可煮一些自己喜歡吃的食物與寶寶分享，爸媽如果吃飯很開心，寶寶也會覺得吃飯是一件開心的事情，有助於寶寶學習不挑食，吃什麼食物都津津有味。

　　希望爸媽能得到滿滿勇氣和力量，繼續為寶寶堅持下去，讓我們一起為寶寶努力吧。

彰濱秀傳紀念醫院營養科營養師

帶給爸媽們正確的健康觀念，
和兒科醫師共同守護孩童的健康

　　恭喜秀傳醫療團隊編撰的第三本嬰幼兒照護衛教書出爐囉！有一直追蹤我們出書進度的爸爸媽媽，從第一本書中詳列懷孕到生產過程的叮嚀，第二本書教大家產後如何好坐好月子，以及妥善照護難纏又討喜的新生寶寶大小事，到最新的第三本書，更要指導各位爸媽化身為家中寶貝的廚師，料理出營養又美味的副食品，同時也是守護寶貝健康的醫師偵探，一手掌握嬰幼兒時期的各種身體疑難雜症。

　　筆者於上一本書就在新生兒照護章節中，和大家分享許多新生寶寶的照護祕訣。這次又相當榮幸，和彰化秀傳、彰濱秀傳兩院區優秀的兒科醫師們，一起負責嬰幼兒的常見疾病分析。從嬰兒到入小學這個階段，可能經歷了家裡照護、托嬰機構、和幼兒園等，可說是孩童成長過程中最容易生病的時期。本書的健康照護章節中，包括了嬰幼兒常見的傳染病、過敏病、腸胃病、皮膚病、和其他疑難雜症等，由各領域的兒科醫師，把艱澀難懂的醫學道理轉化為淺顯的說明，協助爸媽在照護孩童健康上更有信心。

　　最後，筆者仍要再次提醒，這本書的定位仍屬於衛教工具書，如同食譜、字典、或百科全書，供各位爸媽在孩童面臨各種疾病時，能快速地查閱，獲得疾病基礎的瞭解而不至於慌了手腳。但孩童對於疾病的治療，仍要仰賴您所信賴且親自診療的兒科醫師。也期望這本書能帶給爸媽們正確的健康觀念，和兒科醫師共同守護孩童的健康。

彰化秀傳紀念醫院小兒部主任

吳宗樺

期待父母們能夠帶著輕鬆愉快的心情閱讀本書

新生命的到來，除了喜悅，也總是伴隨許多疑惑與驚奇；你會對他們小小身體裡發生的一切感到疑惑，更會驚訝於他們每日的變化竟是如此快速。這就是孩子，看起來與我們相似，卻又不完全一樣的全新個體；因此他／她的未來總是可以期待，但你的心底卻還是會為每日每夜可能發生的小狀況擔心不已。

「一直哭是肚子餓了嗎？還是不舒服呢？」「摸起來燙燙的，該不會發燒了吧！」每天每天都有許多的小劇場在上演，小小的主角總是很隨興的演出，身為大人的我們卻得疲於應付。還好，拜科技跟醫學進步所賜，大部分的狀況，都能被釐清而且解決；不過網路上的資訊實在太雜亂，有時在診間、我也常聽聞一些似是而非的訊息；原因無他，因為父母接受到的，不一定是最正確的訊息。

感謝臺灣廣廈出版社的邀請，整理一些關於嬰幼兒常見問題及病症的實用資訊，便是希望能在父母親慌亂無措、又無從獲得正確資訊時能幫上大忙；相信在讀過以後便能夠對一些常見的嬰幼兒狀況稍稍放心，若是需要就診的情況也能夠確實掌握應該注意的重點。除此之外本書還提供了許多豐富而且「食用」的副食品資料，對經常苦惱副食品該如何準備的家長們我想會是一大助力。只要能幫上父母親任何一點，這本書便是發揮它最好的價值了，期待父母親都能夠帶著輕鬆愉快的心情閱讀本書，並且從中獲得想要而且需要的資訊。

最後，雖然醫療日新月異，但還有許多兒童疾病或問題一時半刻還無法有效地解決（例如目前的新冠疫情），但我總提醒自己「先生緣、主人福」(臺語俗諺，指病人與醫師有緣份而使治療順利)，即便有時我們無法改變疾病的變化、更無法操控生死，但身為醫者的一句話或一個動作，都會深深地影響家長的想法；我相信，就算疾病可以很無情，但身為醫者永遠都應該讓人感覺很溫暖。

彰濱秀傳紀念醫院小兒部主治醫師

張日華

提供家長們非常實用的
育兒資訊

　　2020 年起全球陷入 COVID-19 疫情的風暴之中，兒科是深深受到疫情影響的醫療科別，以至於閒暇之時，每個醫師也都努力的拓展各個面向，舉凡經營網路社群、拍攝衛教短片等等都是。在 2020 年底受邀參與書籍的撰寫，當心中感到雀躍的同時，卻不禁也擔心類似內容的資訊繁雜，讀者可能已經接觸過許多各式各樣的內容，不論是正確或錯誤的。在兒科領域也默默耕耘了十多年，難得有這樣的機會，也希望盡力提供家長們正確又實用的訊息。

　　在 2021 年二月與編輯訪談提供初步的文章內容之後，默默地又回到了工作中，直到數個月後的文稿出來，才看到了初步的成品。在初稿校稿時，也新增並引用了許多相關的資訊，希望能讓內容更臻完善。參與文字書寫工作的同時，雖然期許能藉由一字一句傳達資訊，但是也擔心若不慎有錯誤，不僅沒有發揮效果，反而可能導致更大的錯誤。初次身為文字工作者，也不免感到肩頭的一點沉重。

　　在《權威醫療團隊寫給妳的》系列的第三本書中，我負責撰寫關於嬰幼兒常見的腸胃問題以及緊急意外情況的照護內容，提供了自己在臨床上的經驗以及許多實用的知識。兒科的門診不只是要處理疾病，因為我們的小病人是一個正在快速成長的個體，所以很多時候也需要提供日常生活中照護小寶貝的方法，甚至如何預防意外或疾病發生的相關知識。本書也用許多篇幅來提供家長們關於寶寶飲食的知識以及副食品製作的精美圖片與食譜，相信可以提供家長們非常實用的育兒資訊。

彰濱秀傳紀念醫院小兒部主治醫師

希望本書能為新手父母，
帶來更多實證醫學與專業知識

　　我是一名兒科專科醫師，有兩個女兒，當大女兒出生的時候，跟新手父母一樣手忙腳亂，雖然在住院醫師訓練的過程中，累積了不少關於兒童生長發育、營養、疾病的知識，但是當扮演父親的角色的時候，我還是很慌張，只好一邊帶孩子一邊跟長輩請教。希望這本書可以為新手父母們，帶來更多實證醫學、專業知識的工具書。

臺中林新醫院小兒部主任

楊樹文

目　錄

【觀念篇】
新手媽媽看過來！養出健康寶寶從「該給寶寶吃什麼」、「寶寶生病怎麼辦」開始！

觀念篇

新手媽媽看過來!

養出健康寶寶從
「該給寶寶吃什麼」、
「寶寶生病怎麼辦」開始!

妳是不是最關心「該給寶寶吃什麼」？

母乳之外，營養均衡的副食品就是打造免疫力關鍵！

爸媽們知道我們吃的食物總共分為 6 大類嗎？
6 大類食物代表的，其實是不同的營養素，
所以在攝取上，就要特別注意必須均衡，
如此就能有效避免維生素、礦物質、微量元素出現缺乏的情況！

當寶寶開始吃副食品，一定要吃到「6 大類營養素」！

其實不僅僅是對孩子，對於大人來說也是一樣的，6 大類食物代表的是不同的營養目的，可說是缺一不可，只要能在攝取時注意到均衡，也就不用害怕會有缺乏維生素、礦物質、微量元素的情況發生。

但到底 6 大類食物是哪 6 類？我常遇到有些爸媽會把食物的類別想錯，比如最常遇到就是把豆類自成一格的歸為一類，不然就是會有各種千奇百怪的組合方式。除了知道類別，這些食物的主要功用又是什麼呢？不管哪一種，都是大人或小孩不可或缺的營養喔！

全穀根莖類

醣類的重要來源。提供身體最基礎的熱量來源，在不同穀類中還包含了各種維生素、礦物質和膳食纖維、植化素。

・全穀雜糧類（1 份重量為 70 卡）

生米、糙米、紫米：20 克　　　　　饅頭：1/3 個（30 克）

白飯：1/4 碗（50 克）　　　　　　栗子：3 粒（大）（20 公克）

稀飯：1/2 碗（125 克）　　　　　　番薯：1/2 個（小）（55 公克）

熟麵條：½ 碗（60 公克）　　　　　紅豆、綠豆：2 湯匙

※ 以標準量匙來計算，一套有四支

最大支是一大匙（或一湯匙）＝ 15cc　第三支是 1/2 小匙，＝ 2.5cc

第二支是一小匙（或一茶匙）＝ 5cc　第四支是 1/4 小匙，＝ 1.25cc

蔬菜類

主要富含膳食纖維和維生素 C。擁有大量的膳食纖維、維生素、礦物質，以及最重要的多彩植化素。

・蔬菜類（1 份生重量為 100 公克）

葉菜類：1/2 碗（熟重約 50 公克）

菇類、花椰菜、木耳：1/2 碗（熟重約 100 公克）

水果類

含有各式各樣的豐富維生素、礦物質、植化素。也是 6 大類食物中，獲取維生素 C 的最佳來源。

・水果類（1 份熱量約 60 大卡）

柳丁、橘子、小蘋果：1 顆　　　　　櫻桃：9 個（85 公克）

（約 120-150 公克）　　　　　　　葡萄：13 個（105 公克）

香蕉：1/2 根　　　　　　　　　　聖女番茄：23 個（220 公克）

豆魚肉蛋類

豆魚肉蛋類所含的蛋白質可促進寶寶的肌肉生長，是身體生長發育，腦

細胞與身體組織的重要營養素，攝取上儘量從蛋、豆、魚、肉類中找到寶寶願意接受的食物，如果寶寶不喜歡吃豬肉，可以試試看毛豆泥；不喜歡魚肉，也可以試試蒸蛋，或是將肉、魚末混入喜歡的食物裡，就能避免蛋白質攝取不足的狀況發生。

蛋白質的重要來源：

· **豆魚蛋肉類（熟重）（1 份重量為 55-75 卡）**

蛋黃：2 個　　　　　　　　　嫩豆腐：半盒（140 公克）

雞蛋：1 粒　　　　　　　　　魚泥、肉泥：2 湯匙（30 公克）

傳統豆腐：3 小格（80 公克）

不同時期的寶寶，需要的蛋白質量也不同。以下列出不同時期所需的蛋白質量，讓媽咪在準備副食品時能輕鬆計算。

0-6 個月	寶寶每公斤的體重，需要 2.3 公克蛋白質。
7-12 個月	寶寶每公斤的體重，需要 2.1 公克蛋白質。

油脂與堅果種子類

提供優質油脂、幫助脂溶性營養素吸收。

· **油脂與堅果種子類（1 份熱量約 45 卡）**

橄欖油、花生油、沙拉油：1 茶匙（5 公克）

芝麻（2 茶匙）、腰果（5 粒）、開心果（15 粒）、南瓜子（30 粒），以上大約是 10 公克

杏仁果（5 粒）大約是 7 公克

※ 1 茶匙 = 5 克

乳品類

提供蛋白質、鈣質、維生素（1 歲前寶寶攝取的奶類僅限母乳、配方奶）

如同前面所說，當爸媽自身的飲食均衡，那麼寶寶副食品的食材便能隨手可得，只要每天從自己吃的食物分取一些給寶寶，就能達到充分攝取營養的需求。

妳是不是最擔心「寶寶生病怎麼辦」？

了解「小兒常見病症」就能臨危不亂！

孩子吃對營養、睡得好，加上適量的運動，
就能降低寶寶生病的機率。
充分了解寶寶身體出現異常的警訊，才能在第一時間緊急處理！

除了營養，配合優質睡眠與適當運動，就能降低寶寶生病的機率！

現代人都習慣晚睡，即使有了寶寶，也無法立刻改掉，導致寶寶就會跟著爸媽晚睡。但睡得好不好，對於寶寶的免疫力有著很大的影響，即便是大人在睡眠不足的情況下都容易生病，更別說是小寶寶。

所以孩子不僅要休息得好，還得讓他適度的運動，才能從根本上去強化體質。進行運動，不僅能讓寶寶能與外界環境有接觸的機會，從而讓身體免疫系統得到鍛鍊，還能愉悅心情，那麼身體的抵抗力和免疫系統的功能自然而然就會變強。

充分了解寶寶身體出現異常的警訊，才能在第一時間緊急處理！

還不會說話，或者無法表達身體痛感的寶寶，爸媽們可以透過以下幾種情況來察覺他們的身體出現異常。

哭不停

新生兒們都會透過哭聲來表現，尤其出生三個月內的寶寶更為明顯。

寶寶哭的時候，首先要先知道原因，比如是不是肚子餓？另一個是「尿布上有沒有尿尿或便便？」，還是說「是不是流汗了？太冷還是太熱？」最

後是「有沒有受到驚嚇？」，不過有些寶寶有可能只是單純想要媽媽或爸爸的安撫，如果上面的情況都排除，寶寶同時還伴隨其他的症狀，比如說咳嗽、體溫變燙、呼吸不順，這時就要考慮到是不是生病？請醫師做進一步評估。

臉色變黃

人體的紅血球老化後會產生一些廢物，這些物質中包含膽紅素會經過肝臟和排泄來代謝掉，但是因為新生兒肝臟還未發育完全，處理膽紅素的能力還沒成熟，因此當體內的膽紅素無法順利代謝，就會沉積在皮膚上，而膽紅素是一種黃色的色素，所以稱為「黃疸」。

大約有 60％ -70％的寶寶會出現生理性的黃疸，是一個正常的過程，會在出生後第二或第三天出現，寶寶皮膚會緩慢變黃，大約到了出生一個星期，皮膚會是最黃的。如果是病理性黃疸，爸媽比較容易觀察到的判別方法，寶寶出生後的兩天內，皮膚突然黃得很快，胸部甚至是下腹部時，可以推測屬於此類，就要進行治療。

發燒

對於體溫條件能力尚未成熟的新生兒來說，稍微熱或冷的溫度就會使他們的體溫出現很大的變化。但是如果調節好適當的溫度，寶寶們的體溫就會再次恢復正常；與此相反，如果新生兒發燒了，會伴隨著不吃東西、大小便的次數或形態出現變化等症狀。

發燒有很多種原因，其中需要馬上送急診室的情況並不多。但碰到孩子半夜發燒時，要記得兩個重點：是不是高燒不退？另一個則要觀察發燒原因，有沒有可能是一些急症所造成。如果有出現脫水情形，孩子會變得無力、動作緩慢且活動量變差，也會出現尿量減少、大量喝水等狀況。

大便的形狀和顏色出現異常

隨著寶寶健康狀態的不同，大便的形狀和顏色有所不同。如果發現大便的狀態有所變化，那首先該觀察是否有出現一些伴隨的症狀，比如說發燒等等，如果沒有出別的症狀，就要好好想想寶寶之前吃過什麼東西。

大便的顏色會隨著吃過的食物和腸胃運動、鐵的濃度還有膽汁的分泌程度而有所變化，寶寶的大便如果呈黑色或灰色、紅色時，就要及時到醫院就診。如果裝著寶寶大便的尿布被浸濕、水氣較多且呈綠色的話，則很可能是腸胃疾病的信號，而如果出現連續腹瀉狀，最好帶到醫院就診。

　　如果大便屬黏稠狀，同時呈黑紅或黑色、或像洗米水一樣雪白色，最好還是到醫院就診比較保險。

　　當然也不是說一有症狀就得去醫院，如果孩子還是能玩、能睡，就不必急著送急診。但萬一小孩不喝水、不喝母乳或不喝配方奶的話，在家會很難處理；這種時候就需要到醫院治療。另外，如果是連帶有拉肚子、嘔吐的發燒症狀，脫水風險也會大增，如果在非看診時間發現孩子無力或進食量減少，最好還是要就診。

一旦寶寶生病，除了就醫之外，還要掌握正確的居家照護要領！

　　如果寶寶出現發燒、腹瀉、嘔吐等症狀，就醫之後爸媽在進行居家照護時，為了避免出現脫水情況，所以要特別注意孩子水分的補充，可以少量、慢慢的給予。

　　另外，生病時食欲自然會變差，很多爸爸媽媽會擔心寶寶不吃東西會沒體力，而勉強他進食，但請千萬不要這做。主要還是幫他補充水分，耐心等到他恢復體力想吃東西為止，等孩子體力有所恢復，可以先給他稀飯這類比較清淡的食物，要避免過於油膩或口味過重的食物。

Part 1
專業營養師開講！
0-3 歲寶寶的全方位安心飲食指南

Chapter 1
餵奶期〈0-5 個月〉的
寶寶餵食原則和技巧

餵奶期的寶寶營養哪裡來？

關於母奶、配方奶，妳該知道的事！

母乳含有豐富抗體，是嬰兒成長發育、守護健康所需營養素，
而配方奶的每個廠牌所搭配的湯匙大小不一，
特別需要注意牛奶濃度，是否有過淡或過濃的問題。

母乳是嬰兒的最佳食物

　　母乳具有無可取代的優越性與重要性，含有嬰兒成長發育、免疫力所需的營養素，說是超級食物也不為過，是上天賜給嬰兒最棒的禮物。在餵喝的過程中，與媽媽的身體有著親密接觸，能有效提高嬰兒的安全感。

　　母乳分成產後最初分泌出來的初乳與之後的成熟乳。初乳大約會在產後2-3天會從乳房分泌出來，呈現黃色的濃稠狀，富含蛋白質、脂肪等等各種營養素。且卡路里高，就算攝取量少，寶寶也可以從中獲得所需的營養。含有的豐富抗體，可以預防黃疸、幫助排便及守護健康。

初乳一次的分泌的量大約 2-10cc，母乳一開始會自動分泌出來，接著就必須經由寶寶吸吮。大約每隔 2-3 小時讓嬰兒吸吮一次，母乳才會繼續分泌。一開始寶寶吸吮的力氣可能還不夠大，但只要經過反覆練習，吸吮的力氣就會慢慢增強。如果寶寶沒有吸吮太多，媽媽就必須把母乳完全擠光、排空。這樣下次的分泌量才會增加。若母乳有剩，不僅會影響之後母乳的分泌量，且容易出現積乳現象，而引起乳腺炎的發生率。

在產後 3-6 天，初乳逐漸轉變成過渡乳，是專為嬰兒的成長發育所需的營養素量身訂做的，它的蛋白質含量會逐漸減少、乳糖濃度與脂肪含量則增加，除了蛋白質、脂肪，還有碳水化合物，以及無機質與維生素。比起初乳，過渡乳的蛋白質含量較少，但脂肪與碳水化合物則比較多。

母乳的營養成分

母乳中的蛋白質含有牛磺酸，有助於腦部發育，對於未來兒童的智能指數會造成某種程度的影響。乳鐵蛋白成分能有效預防嬰兒腸內大腸菌的繁殖而造成的消化障礙，豐富的免疫血球素可以預防罹患呼吸系統方面的疾病。

母乳中的脂肪含有 DHA 與 EPA 的成分，對於腦部與中樞神經的發育具有決定性的影響力。其中 EPA 是新生兒血管系統的成長發育關鍵。母乳的碳水化合物含量高，其中的澱粉酵素可以強化嬰兒的消化功能，能有效幫助吸收母乳中的磷、鈣質等礦物質。

正確餵母乳的方法

剛開始餵嬰兒喝初乳時，他還不太會吸，但是不能因為嬰兒只吸吮幾口就放棄了。喝奶瓶使用到的力氣比吸吮母乳小，如果太早讓嬰兒喝奶瓶，就會不知道如何吸吮母乳，所以一定要讓嬰兒嘗試吸吮到學會為止。

餵哺母乳的方式

在寶寶頭部與媽媽接觸的部位放上一條柔軟的布或手帕。環抱著寶寶後讓乳頭對著他的嘴，寶寶就會開始主動吸吮。或者可以先稍微擠出一點母乳，

讓寶寶能沿著氣味輕鬆找到媽媽的乳頭。為了讓嬰兒嘴唇可以完全覆蓋乳暈，所以需要把乳頭往嬰兒方向推。左右乳房大約吸吮 10-15 分鐘。

喝完之後要幫助嬰兒打嗝。這是因為在餵哺母乳的過程中，多少會吞下空氣，所以餵完後要直立抱起嬰兒，由下往上輕輕拍打背部，讓胃腸中的空氣可以排出體外。

・ 各個時期，每次母乳平均攝取量

月齡	平均攝取量
0 個月 -2 個月	60-150cc
2 個月 -4 個月	120-180cc

・ 一天的母乳總攝取量

寶寶體重	攝取量
3.6kg	600 cc
4.0kg	720 cc
4.5kg	800 cc

配方奶選喝原則

如果在醫院或月子中心喝某廠牌的奶粉，若不曾對嬰兒造成任何不良影響的話，其實就能持續喝。雖然每個廠牌的配方奶成分略有些微的差異，但品質大都維持在一定的水準以上。所以沒有一定要喝某個廠牌，寶寶才會長得好或更健康的道理。但是如果喝配方奶後會引起嘔吐、腹瀉等問題時，就必須考慮更換其他品牌。

餵喝配方奶的基本原則是從出生至第二個月，大約每隔3-4個小時餵一次，一天大約6-7次；出生第二 - 四個月，每隔 4 個小時餵一次，一天約 5-6 次。

出生第一個月，白天時嬰兒喜歡每 3 個小時喝一次奶。如果嬰兒在固定的喝奶間前肚子就餓了，雖然還是可以餵他，但定時餵會更好。如果過程中，奶瓶還剩下很多牛奶，但嬰兒已經不想繼續喝，就不要勉強餵食。

配方奶的每個廠牌搭配的湯匙大小不一，所以需要注意牛奶濃度不可過淡或過濃要適中。而調好喝剩的牛奶要 2 小時內喝完，超過期限必須倒掉。

餵奶期的寶寶該怎麼吃？

0-5 個月寶寶的餵奶方法、次數、間隔、奶量與其他重點

這個時期的寶寶，一天下來，大約餵 8-12 次左右，
0-2 個月大的嬰兒，一次的量約為 60-150cc，之後會增加到 120-180cc，
餵完母乳後記得把剩餘母乳完全清空。

餵母乳的原則與寶寶攝取量

　　餵母乳的時間無需固定。只要寶寶想要喝時，就隨時餵。一天下來，大約餵 8-12 次左右。要注意的是不可以讓餵母乳的寶寶去吸奶瓶，因為若讓他習慣較不用費力的奶瓶後，就有可能拒絕需要費力去喝母乳的方式。

　　產後第一個星期，即使沒分泌出很多的母乳，仍需讓寶寶吸吮看看，千萬不要輕易放棄。而受到嬰兒吮等影響，乳頭會自動分泌出母乳，這是在初期出現的自然現象。經過一段時間後，症狀就會自然好轉。

至於餵母乳的量會隨著每個嬰兒的需求量而有所不同，一般餵食 0-2 個月大的嬰兒時，一次的量約為 60-150cc。等到寶寶兩個月大後，喝母乳的量會增為每次約 120-180cc。當母乳的量不足時，新生兒有可能吵鬧或哭泣，甚至會出現比出生時的體重少的情況發生。體重 3.6 公斤的嬰兒攝取量大約為 600cc，4 公斤的嬰兒攝取量約 720cc。4.5 公斤的嬰兒的攝取量為 800cc。

餵完母乳後必須將剩餘的母乳完全清空

由於人體擁有敏感性的科學系統，每次餵完母乳後必須將剩餘的母乳完全清空，母體才會增加母乳的分泌量。所以當有剩餘母乳時，需盡可能用吸乳器或手擠出，才不會造成母乳減少的情況。但如果已經一整天都在餵母乳，但寶寶還是不夠喝該怎麼辦？這時就要試著用配方奶填補母乳的不足。

母乳雖比配方奶更好，但市售的配方奶成分與母乳差不多，且品質較過去佳。即使是在不得已的狀況下餵配方奶，也無需擔心這會對嬰兒的生長發育造成不良的影響，媽媽們也不必為此糾結。

注意事項

在餵奶的過程中，需避免嬰兒吃進空氣，喝完後記得幫助嬰兒打嗝。餵奶的時間以 20 分鐘之內為宜。奶粉要保存在乾燥的陰涼處，開封後也需要在四週內喝完。

月齡	體重（kg）	一次量（mL）	餵食次數
0-15 日	3.3	80	7-8
15-30 日	4.2	120	6-7
1-2 個月	5.0	160	6
2-3 個月	6.0	160	6

Unit 3 家有 0-5 個月寶寶的爸媽最想問

新手爸媽最困擾的問題 Q&A

對於第一次成為爸爸媽媽的人來說，對於寶寶總有擔不完的心，
像是出生當天就可以喝母奶嗎？哪些狀況要停止餵母乳？萬一不夠怎麼辦？
在這個篇章裡，希望能有解答到大家最常有的疑惑！

Q1. 喝母乳的優點是什麼？不餵母乳也可以嗎？

A. 母乳因為富含乳鐵蛋白、β-胡蘿蔔素等營養，也比市售的配方奶更好消化，其中還有幫助營養素吸收的酵素，寶寶就不容易發生腸絞痛或脹氣。尤其媽媽的初乳含有大量免疫球蛋白，進入寶寶腸道後會附著在腸子的黏膜上，對抗病菌和病毒，提升寶寶的免疫力。

Q2. 喝母乳的嬰兒不容易感冒？

A. 母乳具有守護胎兒健康與生命的卓越成效免疫體成分可以保護嬰兒免於其他細菌的感染促進頭腦、呼吸器官、消化器官等的發育。

Q3. 喝母乳的嬰兒與媽媽的關係會更親密嗎？

A. 媽媽在餵母乳的過程中，藉由與嬰兒的四目交接、身體的接觸，會增進彼此間的感情互動。這些舉動有助於嬰兒的情緒發展，提高情商指數。在餵母的過程中，也會分泌出激發母愛的荷爾蒙--沁乳激素，提高母愛的深度，與嬰兒締結更親密的關係。

Q4. 喝母乳對嬰兒的頭腦發育有幫助嗎？

A. 在部分的研究中顯示，智商指數與喝母乳期間的長短是成正比的。喝母乳的嬰兒比起喝配方奶的嬰兒，智商指數均高 8.3 分。

Q5· 出現哪些狀況要停止餵母乳？

A. 依台灣兒科醫學會提供的資訊，以下情況不適合哺餵母乳：寶寶患半乳糖血症、茶酮尿症等代謝疾病。媽媽患愛滋病、正在接受化療者、服用特殊藥物者（請與小兒科或婦產科醫師討論）。

Q6· 喝母乳學會說話的速度加快，幫助牙齒的發育？

A. 嬰兒吸吮母乳時使用的力氣是喝配方奶時的 60 倍。胎兒吸吮母乳時，因生存本能的關係，會使盡全力，整個臉蛋變得通紅。吸吮動作所產生的運動效果有助於臉部與口腔發育，進而促進牙齒與舌頭的發育，所以能較快學會說話。

Q7· 寶寶出生當天就可以喝母奶了嗎？

A. 什麼時候可以開始餵母乳？其實，生完寶寶大約四個小時後，就會請媽媽試試看親餵母乳。但不是強制性的，要視媽媽乳汁分泌的狀況、身體復原的程度、個人意願，還有寶寶的狀況而定，等到雙方都比較穩定之後，護理師會嘗試把新生兒移動到媽媽旁邊，讓寶寶開始練習吸吮初乳，也就是我們常聽醫人員說的「母嬰同室」。

Q8· 母乳不夠多怎麼辦？

A. 媽媽可以選擇用配方奶來輔助。當寶寶因為沒吃飽而哭鬧時可以再餵配方奶。另外，身體狀況和情緒會影響泌乳量，所以媽媽要把握休息時間、飲食均衡、多補充水分來提升母乳分泌量。

Chapter2
離乳期〈5-18 個月〉的
寶寶副食品準備原則和技巧

什麼時候可以開始吃副食品？

兩大關鍵，教妳判斷寶寶斷奶的最佳時機

寶寶漸漸長大，母乳所含的營養已經漸漸不能滿足成長發育所需
該如何判別寶寶可以開始吃副食品了呢？
可以從兩個關鍵，判定寶寶開始吃副食品的時機！

在寶寶4個月時，基本上仍以母乳哺餵為主，次數大約可以到5次，每4-5個小時餵食一次，但除了母乳之外，可以試著餵食泥狀類的副食品，例如米粉、麥糊或水果泥、菜泥等，以補充寶寶生長發育所需的營養，再根據寶寶的接受狀況加以調整，漸進餵食。

那麼，該如何判別寶寶可以開始吃副食品了呢？

寶寶漸漸長大，母乳所含的營養已經漸漸不能滿足成長發育所需，尤其在鐵質與鈣質方面，因此需要副食品，以補足寶寶的營養。所以當寶寶4個月後，隨著消化能力越來越好，泥狀的澱粉類食物基本上大多已經沒有問題。

判定寶寶開始吃副食品的時機，可以從兩個關鍵做確認：

關鍵 1 當寶寶的體重比出生時高出一倍

媽媽可以先觀察寶寶的體重，當寶寶的體重比出生時多出一倍，比如說寶寶出生時體重為 3000 公克，而當寶寶體重到達 6000 公克時，就可以嘗試讓他吃副食品。

關鍵 2 看到別人吃東西表現出很有興趣

如果寶寶趴著的時候，已經可以把頭部撐起來，或是寶寶自己可以稍微保持一段時間的坐姿、開始喜歡吃手，並且看到別人吃東西而表現出高度興趣時，大概就是可以餵食副食品的時候了。

這段時期的寶寶適合吃哪些副食品呢？

以下幾種食物，比較適合讓寶寶在 4-6 個月的階段食用：

1. 添加澱粉類的米糊或麥糊，調成泥糊狀，即可餵食寶寶。

2. 維生素、礦物質豐富的水果泥（例如：蘋果泥、梨子泥、水蜜桃泥等），蔬菜泥（像是全穀根莖類等）也是不錯的選擇。

由於寶寶剛開始接觸副食品，所以建議以一天 1-2 次，在午餐或晚餐前，爸媽可以嘗試副食品的餵食，如此不僅能讓寶寶攝取到更多的營養，同時也能訓練寶寶咀嚼的能力。

適合 4-6 個月的寶寶食用，
以添加澱粉類的米糊或麥糊，
或紅蘿蔔泥、蔬菜泥等等，
是不錯的選擇。

什麼是副食品？為什麼要吃副食品？

媽媽要親手為寶寶做副食品的理由

光靠喝母乳或奶粉攝取養分是不夠的，
必須讓寶寶循序漸進攝取泥狀食物到固體的食物，
在練習咀嚼階段所吃的食物，就稱作「副食品」！

　　寶寶剛出生時，主要以母奶或配方奶為主要營養來源，但是寶寶快速長大，光靠喝母乳或奶粉攝取養分是不夠的，必須讓寶寶循序漸進攝取泥狀食物到固體的食物，慢慢學會咀嚼，才能攝取到在成長階段所需要的營養。

　　為了讓寶寶學會咀嚼食物所練習的過程非常重要，在此練習階段所吃的食物，就稱作「副食品」，也就是在寶寶完全接受固體食物之前所吃的食物，只要開始吃固體食物，就可以算是正餐，不再是副食品了。

為什麼要吃副食品

如果說吸吮跟吞嚥是與生俱來的能力，那麼吃固體食物所產生的一系列動作，則是需要練習才能慢慢學會。配合寶寶的成長與發展，吃東西的動作也會隨著階段不同而有所進步，最後就能慢慢的學會與熟練「吃」這個的動作。而母奶或配方奶雖然可提供初生寶寶足夠的熱量和營養，但是寶寶成長快速，所以要靠副食品來幫助生長發育，並且提供足夠熱量和營養素。

寶寶初期只有吸吮乳頭和吞嚥的能力，但是當寶寶看到大人吃東西的時候，會出現流口水、伸手拿的反射反應，甚至有時會把嘴巴張開，這就表示寶寶已經準備想要嘗試吃副食品了。

一開始，寶寶可能會把食物用舌頭頂出，這是吐舌反射，並不代表不喜歡吃，要等到他吞嚥能力成熟，反射反應也會跟著消失。所以剛開始餵的時候不要急，用小湯匙餵食後觀察反應，等確定寶寶已經學會吞嚥，就可以開始吃副食品。

一般來說，寶寶會在 6 個月大開始練習咀嚼，進食和咀嚼能力有助於口腔肌肉發展，對於未來語言能力的發展更有很大的幫助。我們也常在門診時，發現已經滿 1 歲的寶寶還在吃軟爛的食物，長期下來沒有好好練習咀嚼能力，無法增強嘴巴周邊的肌肉，就會影響到語言的學習，以致於可能會有講話時口齒不清的問題。

想讓寶寶學會吃固體食物，咀嚼力是必要練習

大約 5-6 個月左右，寶寶學會前後移動舌頭來吞食，7-8 個月左右，則用舌頭和上顎把食物壓碎後再吞食，到了 9-12 個月時，就會用舌頭把食物推到兩邊，並且用牙齦壓碎。所以寶寶大概到 5-6 個月，有時會開始表現出對爸媽正在吃的食物產生興趣，或是出現想要自己吃的動作跟反應。這時就可以先從磨成泥狀的食物開始，每次約一湯匙的分量，照著階段慢慢練習，大約 1 歲半左右就可以讓他學著自己拿湯匙，直到學會吃固體食物為止。

什麼時候可以讓寶寶開始吃副食品？

對剛出生的嬰兒而言，母乳與奶粉是理想且足夠的營養來源。在度過了 0-4 個月的餵奶期，到了 5-6 個月左右，隨著寶寶慢慢的成長，消化、吸收這些能力也跟著提高，對他們來說，這時的母乳跟奶粉的營養已經開始顯得不足。到了 7 個月時，從母體得到的鐵質就會消耗殆盡，所以從 5 個月開始，就可以練習吃副食品，藉著副食品來攝取應有的營養。

開始進入副食品階段可分為：5-6 個月的小口吞嚥期、7-8 個月的口含壓碎期、9-11 個月的輕咀慢嚼期、1 歲 -1 歲 5 個月的大口咬嚼期，以及 1 歲 6 個月以上可與大人一起同食。會有這些不同階段的區分是因為要順應寶寶口腔的發展，來改變副食品的大小與質地，不過因為每個寶寶發育的情況有所不同，所以副食品要給予的型態就會跟著改變與調整。

世界衛生組織建議，單純哺餵寶寶純母奶可以到 6 個月，才需要開始吃副食品，因為母乳的營養符合生長所需，母乳容易消化，富含免疫球蛋白、促進腦細胞發育物質及不含過敏原，是配方奶無法代替的。不過媽媽的飲食要力求均衡，如果媽媽是全素者，則要多多攝取富含維生素 B_{12} 的食物，才能達到均衡營養。

若哺餵配方奶或母乳量無法滿足寶寶需求，提早滿 4 個月開始添加副食品，可以減少鈣、鐵等營養素缺乏發生。開始添加副食品後，要選擇鐵、維生素 D 食物，富含鐵的食物，如強化鐵米精或麥精、紅肉、蛋黃、豬肝和深綠色蔬菜，同時也要選擇柳丁或芭樂等富含維生素 C 的水果泥或果汁，能幫助飲食中鐵的吸收。

營養師的小叮嚀
寶寶缺乏維生素 D 容易有佝僂病。建議讓寶寶適度曬太陽及補充維生素 D 的食物。富含維生素 D 的食物，如米精或麥精、雞蛋、魚類和菇蕈類等。

副食品能體驗食物中各式各樣的美味與香味，隨著寶寶慢慢長大，能吃的食材逐漸增多，每次吃東西時體會到的味道與香氣，也一點一滴地被記憶。一般來說，專家都認為舌頭上能接受味道的信號的細胞，在嬰幼兒時期是最多的，所以利用能引出食材美味的副食品，讓寶寶充分體驗食材本身的味道，才能孕育出豐富的味覺。

　　寶寶從 5 個月到 2 歲左右，在這段時間幾乎什麼味道的食物都能接受，過了這段時間才會開始出現偏食的情況，所以要好好把握最佳時機，讓寶寶體驗各式各樣的食物與味道，培養出不挑食的味覺。

　　在吃副食品的時候要儘量避免過多使用醬油、番茄醬這類的調味料，因為味道過重會讓寶寶吃不出食物的原味，會有味覺遲鈍的疑慮。寶寶的味覺會在學習過程中不斷成長，學習食物應該有的原味味道，學習愛上健康食物，學習不同食物之間味道的差異。所以漸次給予不同的副食品，習慣多種口味食物，就能有效避免偏食的問題。

> **營養師小提醒：如何觀察是否因食物引發過敏？**
> 為了知道食物是不是引發寶寶過敏的過敏原，第一次進食時，可以這麼做。當寶寶第一次吃副食品時，要先從 1 湯匙開始，一邊觀察再一邊進行餵食。若一次給的太多，或食材正是寶寶的過敏原，恐會造成強烈的過敏症狀。另外，第一次吃時，一天不要給 2 種上的食材，以免分不清是哪個食材造問題。

比起市售的副食品，自己做更安心

　　市售副食品在加工製備過程中，導致天然營養素容易流失，也會因為食材重複、不夠多樣化，有營養不均衡的問題。若是外食買餐的家庭，會擔心外食重鹹重糖，也會因為外食很少吃到鮭魚、山藥、蘆筍等等食材，就會有營養不均衡的問題。

　　可以現煮現吃營養最豐富，所以可以挑選各式各樣的食材，也能適時配合寶寶發展，給予不同階段的副食品。

　　現代人工作忙碌，每天煮飯的家庭已經不多，如果還要花時間幫寶寶烹煮食物，反而會讓媽媽想要放棄幫寶寶準備副食品。所以最簡單的方法就是寶寶可以跟著大人一起吃，大人吃什麼，寶寶就吃什麼，剛開始可能發展不

同，要特別做出泥狀、細碎的副食品，但是慢慢的可以將餐桌上的食物直接
給寶寶吃，節省很多時間烹煮。

營養師小提醒：給寶寶的副食品，也有地雷區，請特別小心！
媽咪在準備副食品時，都會抱持著要讓孩子贏在起跑點的雄心壯志，但要小心的是，有些食物吃
了反而會對健康造成傷害喔！

寶寶不宜嘗試的 5 種危險食物

1. **蜂蜜**
   當寶寶出現便秘，有些長輩可能會準備蜂蜜水來舒緩症狀，不過這麼做的結果，可能會導致他
   感染到肉毒桿菌，容易出現肌肉麻痺、嘔吐等情況。

2. **蜂膠**
   蜂膠雖然是市面上用來增強免疫力、保護氣管的健康食品，但蜂膠的製作過程中可能含有酒精
   或帶有肉毒桿菌等物質，因此不適合兩歲以下的幼兒食用。

3. **食品添加物當中的磷酸鹽、色素、防腐劑等**
   這些被廣泛運用於加工肉品、罐頭、飲料等食品，容易影響鈣質吸收，會造成器官代謝上的負
   擔，也會增加過敏的機率。

4. **低營養密度的飲料**
   市售含糖飲料、調味果汁、汽水、茶品或含咖啡因飲料及等，除了過多的糖份會造成維生素消
   耗之外，還會養出寶寶的易胖體質。

5. **質地不宜的食品**
   過硬食物、形狀容易噎到，比如：整粒堅果、葡萄乾、玉米粒、青豆仁、粉圓等。還有肉、魚
   類的骨頭、小刺，在餵食時要小心剔除。而質地偏黏易嗆的糯米製品、麻糬及粿或各種醃漬品
   等等也要避免。

在不同月齡，
母乳量與副食品的搭配原則

每個寶寶的個別情況不同，所以即便是相同月齡的寶寶，
在奶量及副食品的攝取情況，也會有很大的落差，
只要寶寶能按照自己的節奏循序漸進，爸媽們就不用太過擔心！

5-6 個月喝奶的比例

　　這個時期，寶寶想喝多少就給多少，開始餵副食品大約 1 個月的時間，主要都是在訓練寶寶能順利咀嚼、吞嚥，並適應食物味道和口感。所以這個時期的營養來源是母乳或者是配方奶，並非副食品，所以不需要調整餵奶次數和分量。除了 1 天吃 1 次副食品外，也可以在每次餵奶前先試著餵副食品，測試寶寶吃的意願。不過也有些寶寶喜歡先喝完奶，才開始吃副食品，所以還是要以每個寶寶的情況來決定。

7-8 個月喝奶的比例

雖然從副食品中能獲得營養的比例慢慢增加了，但這個時期的寶寶營養來源有一大半還是來自母乳或配方奶。這個時期的奶、副食品比例大約是每天 5-6 次的哺乳，2 餐的副食品。

寶寶吃完副食品後如果還想喝奶，也可以像之前一樣滿足他的需求。此時期的睡眠時間也漸漸趨於固定，但半夜通常還是需要起床哺乳 1-2 次。如果半夜想喝母乳或配方奶也沒關係，可以滿足寶寶的需求。

9-11 個月喝奶的比例

這階段的寶寶差異性很大，有的愛喝奶，所以很難增加吃副食品的量，不過，有的卻適應得很好。當寶寶習慣吃副食品後，1 天約喝 2 次奶。雖然此時期寶寶的食量增加了，而且超過一半的營養是來自副食品，但還是得靠喝奶補充營養。

剛開始 1 天吃 3 餐副食品的時候，一樣是寶寶想喝多少母乳或配方奶都可以，接著再慢慢調整成 1 天喝 2 次。

1 歲以後喝奶的比例

此時期的寶寶如果寶寶不想喝奶也沒關係，可以減少晚上的奶量。也因為可以吃的食材和分量都增加，因此 1 天吃 3 次副食品和 1、2 次的點心，已足以攝取到大部分的營養。在製作寶寶的點心時，也可以選擇飲品的型態來取代母乳或配方奶。

Unit 4　自製寶寶副食品該怎麼開始？

製作與餵食副食品
必備的基本用具

切塊、濾篩、搗碎、磨泥等是製作副食品不可或缺的製程，
只要備好基本工具，就更能得心應手，
爸媽們，準備好一起來做副食品了嗎？

烹調用具

切片、刨絲器、手拉式切菜器

對於刀工不是很在行的人，可以考慮買一組售價便宜的助切神器，不管切絲、切薄片都很方便，如果要進行切末，可以先把食材刨成絲以後，再進行切末會更容易些。

或者可以選購售價不貴的手拉式切菜器，不僅省時，且切出來的食材也會非常均勻細緻。

削皮器

削皮器可以說是家裡最常見的廚房工具之一，除了去皮之外，製作副食品經常需要切絲或者切末，都可以先削成薄片後再進行。

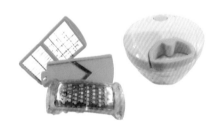

磨泥器

市售的材質有很多種，建議挑選耐久性最佳的陶瓷製品。磨泥器上的顆粒大小不同，磨出來的粗細也會不一樣，初期可以選擇顆粒較細者，磨出來的食材會更細緻些。

壓泥器

製作副食品時壓泥的好幫手，不管是馬鈴薯、山藥、地瓜，還是各式水果與蔬菜，利用多孔設計的壓泥器，速度快且能輕鬆又快速、省力的完成。購買時以材質厚實、堅固耐用的為佳。

研磨缽&研磨杵

將食材磨成泥的必需品。由於副食品通常採取少量烹調，因此購買時，要挑選比較小的尺寸，可以預防食材卡在縫隙裡的困擾。

榨汁器

製作副食品時榨汁的好幫手，尤其是柳丁、橘子之類的水果。市售的榨汁工具除了這種較簡易的之外，還有電動型與壓製型，因材質不同，所以售價上也會有所差異，可以根據自己的預算再進行添購。

濾網

這是製作副食品不可缺少的工具之一，適合用來過濾少量的食材，不管是瀝除水分、鹽分，或者是過濾高湯殘渣，都能發揮很大的功效。市售濾網有各種尺寸，可以根據個人需求來選購。

副食品調理研磨組

包含濾網、磨泥器、榨汁器、研磨缽、研磨杵等製作副食品的多合一工具。副食品調理研磨組對於每天做副食品的人來說相當方便。一般的調理工具當 然也可以，但這套工具是針對「副食品」而設計，製作時也特地做成比較容易使用的尺寸，新手媽媽不妨考慮一下。

量杯&量匙

由於副食品的分量難以目測，所以養成善用工具來進行測量的習慣外，還可以計算吃進多少副食品的參考依據。有些標示是可以直接放進微波爐裡加熱的材質。

電鍋

電鍋是每家必備的廚房好幫手，不論電鍋或電子鍋的功能都很多樣，不但可以煮飯煮

粥，還能蒸燉菜餚、煮湯，還有加熱、保溫的作用，使用時又沒有油煙，對忙碌的爸媽來說，是絕對不能缺少的料理電器。

平底鍋

煎魚煎蛋、一般的煎炒料理使用平底鍋都非常方便，非常方便，可以選擇深度深一點的，燜煮、翻炒、煮湯都可以。

湯鍋

湯鍋依材質分為不鏽鋼鍋、陶鍋、強化玻璃鍋等，選擇

鍋身具一定深度的既能煮煮粥、煮麵，還能進行熬燉，挑選時除了考慮重量、材質之外，口徑與容量大小也要一併考慮。

保存用具

大量製作副食品時，常常會需要用到保存工具。冷藏建議選擇密封容器，冷凍則裝到袋子裡保存。

製冰盒

可以冷凍高湯或液體、糊狀食材時很方便的工具。等到結凍後取出放入密封袋中保存。

密封容器

建議選用容量在50-100ml之間較小的尺寸。要多準備幾個透明或半透明材質，以能可見內容物的容器備用。

附夾鏈的密封袋

附夾鏈的保鮮袋可以完全密封，即使放進冰箱裡也不會佔掉太多空間。有各種尺寸，挑選方便使用的大小即可，使用時，可以在上面貼上標籤，寫上日期與時間，方便之後取用。

真空封口包裝機

可以用來真空密封，讓食物的新鮮能更持久。使用上只要按下真空封口的按鍵就能進行抽真空和封口，對於想節省時間一次處理較多食材的忙碌爸媽來說，分裝後密封，更能保鮮儲存。

餵食用具

方便寶寶進食的用品，能讓副食品時光能更加愉快！

圍兜&兒童餐勺

塑膠材質可節省清洗時間又方便。等寶寶活動量變大時，可以換帶袖的罩衫或附有可以接住掉落食材的寬口袋圍兜。

為了促進寶寶做出「吃」的動作 而設計的湯匙。觸碰到嘴的部分，幾乎都是以軟質的木材或塑膠等材質製成。

Chapter3

離乳期〈5-18 個月〉
副食品製作的基礎烹調法

依照寶寶吞嚥情況，
把食材調理到最適合的狀態

製作副食品時
一定會用到的基礎烹調法

寶寶到了5個月左右，就可以開始吃煮熟後磨成泥狀的食物，
只要把需要搗碎的食材煮到可以用竹籤輕鬆穿透的程度，
每種食材都調理到最適合的狀態，就是準備副食品的基本要領

壓泥、壓碎

製作前為了更省時省力，事先能切成小塊，壓泥時就比較不費力。

使用叉子

量很少的時候，可以利用叉子的背面來壓碎煮軟的食材，只要將叉子的前端用力往下壓擠，就能輕鬆的把食材壓碎。

使用壓泥器

量大的時候，可以使用壓泥器，就可快速把食材搗成泥狀。壓製時要趁熱進行，這樣更容易壓碎。

榨汁、過濾

如果是柳丁、橘子之類的水果，使用市售榨汁工具會更為容易。

使用榨汁器

只要將食材洗淨後對半切開，放在榨汁機上，左右轉動，就可以順利把果汁壓榨出來。

使用叉子

如果手邊沒有榨汁器的人，可以使用叉子將果肉挖下，再以濾網過濾即完成。

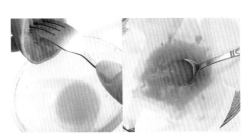

・使用叉子　　　・使用壓泥器　　　・使用叉子榨汁

切絲、切末

切絲

以青椒為例。食材要先洗淨，需要去皮、去蒂、去籽就要先處理好，再切成細絲狀。

切末

將食材切成細絲後，砧板轉 45 度，就可以進行切末的動作。

· 可先進行切絲再切末

切塊

使用刀子

以高麗菜為例。食材要先洗淨，需要硬梗先處理好，再均切成小塊狀。

使用剪刀

以豬肉片為例。食材先洗淨，汆燙後，再用剪刀剪成小塊狀。

· 使用刀子、剪刀來進行切塊

醃製、保存

醃製

以去骨雞腿排為例。將洗淨的去骨雞腿排放入碗中，倒入適量的牛奶靜置約 30 分鐘，降低肉腥味後再進行烹煮。

或者可以放入蔥段、薑末攪拌均勻後靜置 30，降低肉腥味後再進行烹煮會更美味。

保存

以去骨雞腿排為例。如果一次購入比較大量的食材時，可以將洗淨的去骨雞腿排擦乾水分後放入真空袋中，用抽真空機將空氣抽掉，再放入冷凍，可以提高保鮮效果。

或者可以進行醃製後再進行真空保存。

· 真空保存　　　　· 調味後保存

另外，以蔬果泥為例。如果一次製作比較大量的食材時，可以將多餘的蔬果泥放入夾鍊袋或至冰盒裡冷凍進行保存。

．利用夾鍊袋或製冰盒冷凍保存

清洗、汆燙

清洗

不論是青菜還是水果，進行烹煮之前，一定要記得清洗乾淨。要煮多少就洗多少，剩下的就冰存起來。

汆燙

以豬肉片為例。肉類食材在冷水時就放入，開火後等到肉片變色後即可取出，這樣汆燙出來的肉品腥味比較沒有那麼重。

．汆燙肉品時，在冷水時就放入

如果是番茄，事先在底部劃上十字再進行汆燙，比較容易去皮。

汆燙具有殺菁的效果，如果是青花菜、花椰菜、蔬菜類等等。黃豆芽菜汆燙過後再進行料理，可以去除豆腥味。

．汆燙具有殺菁效果

燉煮、乾煎、翻炒

燉煮

這是製作副食品時最常用到的烹飪方法之一。可以選擇鍋身較為厚實的鍋具來製作會更好。

乾煎

以去骨雞腿排為例。先將皮面朝下放入鍋裡，煎至金黃且油分釋出後，再翻面續煎肉面即可取出後，切成適合的大小。

· 燉煮是製作副食品很常用到的烹調技法；乾煎方式可以逼出多餘油脂

翻炒

以青椒肉絲為例，青椒經過殺菁後再炒，很容易就熟，因此可以縮短翻炒時間。如果是大人要一起食用，就等取出寶寶要食用的分量後，再進行調味。番茄經過翻炒再去熬湯，可以攝取到比較多的茄紅素。

肉片炒熟，如果是大人要一起食用，要等取出寶寶要食用的份量後，再進行調味。

· 汆燙後進行翻炒，可以縮短炒製時間

拌炒雞蛋時，如果是大人要一起食用，要等取出寶寶要食用的分量後，再進行調味。

· 炒好的雞蛋，等取出寶寶要食用的部分，再進行調味。

專為忙碌的爸媽們設計！
大量製作 10 倍粥的方式

　　寶寶每餐所需的量很少，如果分次煮會很辛苦，所以建議爸媽一次製作大量後再進行分裝成一餐的分量，進行冷凍保存，如此一來就可以減少製作時間。只要利用研磨缽、食物調理機或攪拌器來進行，且注意水量，就能輕鬆製作出不麻煩又安心的副食品。

・**步驟 1**：把煮好的粥取出適量，若是剛煮好會很燙，因此要等到溫度下降，等到不燙手的程度，再放入研磨缽或使用攪拌器進行磨碎，讓整體口感更為綿密滑順。

・**步驟 2**：5-6 個月左右的寶寶，因為一餐的量非常少，所以可以準備好製冰盒，在每一格裡放入研磨好的 10 倍粥。

・**步驟 3**：等完全冷卻後，再放進冷凍庫。要避免還有熱度時就放進冷凍庫，這樣會使得冷凍庫的低溫不夠，而影響了其它食品的品質，每一次可以拿出一塊來使用。

營養師貼心提醒：

1. 若要一次大量製作，就特別要注意水量夠不夠，製作過程中萬一不夠滑順，可以適量的加入開水，或者用研磨缽再磨得更細一點會更好。

2. 雖然是大量製作，但還是要配合不同時期的食量以及食用次數，製作可以在一星期食用完畢的量，所以建議爸媽們可以利用週末或放假時一次做好。
不論是絞碎或混合食材都很方便，是製作副食品的好幫手。烹調副食品時最麻煩的「泥狀」調理，也能瞬間搞定。

10 倍粥這樣煮

以熟飯製作（約 30g×7 餐份）

材料		
熟飯	1/2 杯	
水	300ml	

作法

1. 將水和熟飯放入鍋中，輕輕地撥開成團的熟飯，再開中火加熱。

2. 燜煮滾後轉小火續煮 5 分鐘，中途適時攪拌。煮軟後熄火，蓋上鍋蓋燜 5 分鐘。

3. 磨泥待冷卻後，磨到呈滑順泥糊狀。若擔心有飯粒殘留，再用濾網過濾一次。

> ・**TIPS：利用微波爐製作 10 倍粥的方法**
>
> 用熟飯製作時，如果僅是一餐份，使用微波爐會更方便。將 1 匙的熟飯和 50ml 的水，放進較大的耐熱容器裡，覆上保鮮膜後放入微波爐加熱 1 分鐘，為避免湯汁溢出，所以水分要略少於基本比例，如果過於濃稠，可取出後加開水調整。

  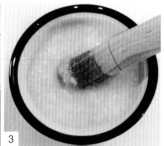

不同時期的煮粥方法

年齡層 / 所需粥品	從米開始製作	用熟飯製作
5-6 個月左右（10 倍粥）	米 1：水 10	米飯 1：水 4
7-8 個月左右（7 倍粥）	米 1：水 7	米飯 1：水 3
9-11 個月左右（5 倍粥）	米 1：水 5	米飯 1：水 2
1 歲 -1 歲半左右（軟飯）	米 1：水 2	米飯 1：水 1

自己熬高湯最安心！

媽咪熬出好湯的必學祕訣

自製副食品時，能運用事先準備好的高湯，
對媽咪來說是省時又省力的好方法，
對寶寶來說，更是營養健康的元氣湯飲，
自己熬高湯不僅喝得安心，孩子更健康！

輕鬆熬出好湯頭必學訣竅

訣竅 1：挑選熬高湯的好食材

若為袋裝或冷凍食材，最好搭配相關認證並選擇合格大品牌廠商，可以多一層保障。若是冷凍食品，要注意是否儲存於適當的溫度，並避免反覆解凍、影響營養素。

訣竅 2：充分運用材料

骨類食材放入鍋，加水蓋過食材，在熬煮最後一小時可加入蔥、薑、蒜之類辛香料去除腥味，或加入可以提升湯頭層次感的香甜蔬果。

訣竅 3：大火煮滾，小火燉熬

沸騰後，將火候轉為最小火的狀態，讓湯品表面偶有小動的狀態即可，因為骨頭裡的胺基酸遇到過高的溫度會因此把營養封存在內面，所以要以小火低溫的煮，才有助於骨頭裡微量分子的釋放。

訣竅 4：熬煮的時間是影響營養度的關鍵

一般來說，蔬菜與魚類所需熬煮的時間不需要太久，約 30 分鐘 -1 小時即可釋放出蘊藏其中的營養素，若是大骨類的食材，大約要 2 小時以上，用小火慢熬，才能讓其中的礦物質、胺基酸等精華物質溶解釋放。

訣竅 5：去除食物中的雜質

湯頭上的浮末主要是凝結的蛋白質與血液，如果沒有定時撈除，長時間加熱的狀態下可能會與湯頭再度融合，這樣反而會影響湯頭風味。

訣竅：6：保存訣竅

當香濃的高湯完成後，保留要現吃，把剩餘的部分在鍋外用碎冰塊來幫助快速降溫，以免因在室溫存放過久滋生細菌，等溫度下降後，移到冰箱冷藏，待表面凝結一層脂肪並將其去除，可用保鮮袋分裝並且標示品名、日期，或可直接倒入製冰盒，放入冷凍庫儲存，之後使用上也非常方便。

3 大鮮甜高湯當基底，寶寶的營養沒問題

高湯經過長時間的熬煮，會溶出像是鈣、鉀、鈉等礦物質及微量的胺基酸等等，帶有天然的鹹味與甘甜味，讓口感的層次更豐富，也能避免使用到鹽、味精等調味料。不僅是寶寶，就算是全家吃也是非常營養。

豬骨高湯

材料		
豬背骨、豬肋骨、雞胸骨架	600 公克	
老薑	1 小塊	
蔥	2 枝	

作法

1. 所有材料洗淨後，豬骨汆燙後去除血水，把蔥切段、老薑拍扁。

2. 所有材料放入鍋中，加水蓋過食材，煮滾後轉成小火繼續熬煮到湯頭轉乳白。並時不時的去除表層浮渣。

3. 完成後濾掉殘渣，放冰箱冷藏後去除表面浮油，就可進行分裝後冷凍。

雞肉高湯

材料
雞胸肉	500公克
薑	1小塊
蔥	2枝。

作法
1. 所有材料洗淨後，將雞胸肉汆燙去除血水。
2. 蔥切段、老拍扁。

3. 所有材料放入鍋中加適量水覆蓋，煮沸後轉小火熬煮約1小時以上，待完成後濾出高湯放涼，再分裝冷凍即可。

   TIPS： 可以加入雞胸肉骨架、雞腳一起熬煮。

- -

鮮蔬高湯

材料
去皮胡蘿蔔	2根
去皮馬鈴薯	3個
去皮洋蔥	1個
高麗菜、西洋芹、玉米、南瓜、黃豆芽	各50克

作法
1. 將材料洗淨、切適當大小後放入鍋，加水到覆蓋所有食材，轉小火熬煮到軟爛，以篩網過濾出高湯。

2. 放涼後分裝到製冰盒，冷凍保存，每次取出需要分量即可。

副食品之後，
1 歲半 -3 歲寶寶的
飲食重點

很多媽媽認為孩子在滿了一歲之後，
就能像大人一樣吃各式各樣的食物，但其實事實並非如此。
下面就讓我們一起來瞭解，父母們最想知道關於 3 歲前的孩子飲食重點。

要根據孩子的狀態來選擇幼兒食物

　　當孩子滿一歲後，生長速度與之前相比，會明顯變慢。此時每個孩子的
成長速度或多或少都會有所差異，也因此營養元素的需求量，以及食品的攝
取量基本上也各自不同，所以必須以孩子個別的情況來選擇幼兒的食物。

　　除了食物，在這個時期的爸媽，有些會開始買市售的補品或營養劑來幫
孩子做補充，不過，還是建議爸媽，在沒有得到醫師的診斷或者處方的情況
下，不要任意買來給孩子服用，因為這對於身體各個器官尚未熟的孩子來說，

會是一種負擔。當孩子出現食欲差或是身體狀況特別虛弱，還是必須先觀察孩子的飲食習慣和營養狀態。

當孩子不愛吃飯時，有可能是飯前吃了過多的零食，導致正餐吃不下，或者運動量不足等等，都有可能造成孩子不想吃飯的狀況，長此以往會對成長發育中的孩子造成不良的影響。不過重要的不是進食量的多少，而是有沒有攝取到優質的營養素，以一週來計算，蛋白質、碳水化合物、礦物質等等必須營養素攝取得夠不夠充足，才是重點。

如何改善 1 歲半 -3 歲寶寶營養不夠的情況？

從幼兒時期開始，就應該讓孩子多多練習咀嚼食物。所以在製作幼兒食時，應該把食物切成容易入口的大小，食材的選擇上，比起麵包或蛋糕，選擇更能鍛鍊孩子的咀嚼能力的馬鈴薯、地瓜等食物會更好。

至於該如何改善寶寶營養不夠的狀況？首先，要根據寶寶的原因予以正確的照護，若是疾病造成的，則需要給予藥物的治療進而補充所需營養，所以早期發現並治療疾病至關重要。若是因為哺餵不當造成的營養不足，只需要調整哺餵方式與飲食結構，循序漸進地提供各種營養讓孩子均衡攝取；若因為缺乏熱量造成的營養不良，則可以適時提供高熱量食物，並且補充足夠的礦物質與維生素。同時，養成良好的飲食習慣，改正偏食問題，才能得到正解。

別讓孩子太早接觸零食

家人對待食物的態度也會讓寶寶偏食或挑食，例如為他製作的食物不美味，當然讓孩子倒胃口，以後再也不吃某些食物。其次，爸媽太早讓孩子接觸零食，太多的零食或甜食會導致味覺刺激過重，變得只愛吃零食，不吃味道清淡的天然食物，變得挑食及厭食。孩子若長時間偏食會嚴重影響健康，畢竟身體的活動、發育、成長都必須依靠均衡攝取脂肪、蛋白質、碳水化合物、維生素和礦物質等各種營養，一旦偏廢，一定會直接影響孩子的正常成長，甚至會造成某些疾病的產生。

Part 2

寶寶副食品專章！

依照口腔發展進程分為 4 階段準備！

5-18 個月寶寶
分 4 階段來準備副食品

其實，每個寶寶發育速度不同，吃副食品的期程當然也會有個人差異，
月齡建議副食品只是參考之一，
只要配合寶寶發育狀況給予循序漸進適合的食物才是重要的關鍵！

1. 不需要執著月齡，按照寶寶的步調進行

很多媽媽常常會心急的問：「為什麼我的寶寶吃副食品的狀態沒辦法跟其他寶寶一樣按照正常月齡進行？」

媽咪們別心急！要學會尊重寶寶的進食速度，這是因為吃東西這件事需要配合口腔的發展與咀嚼力，所以在讓寶寶練習吃副食品的過程中，從一餐、兩餐到最後三餐，每個階段的進食次數與分量都要慢慢的增加。而且進度往往不會如我們想像般的順利，必須耐著性子，讓寶寶慢慢的累積經驗才能有所成長。

其實，每個寶寶發育速度不同，吃副食品的期程當然也會有個人差異，所以不需要擔心吃副食品的進展比別的寶寶慢，即便一開始有所差異也是很常見。而進階的速度也會根據每個寶寶的狀況，會有所不同並無關好壞，只要配合寶寶發育狀況給予循序漸進適合的食物才是重要的關鍵。月齡建議副食品只是參考的標準之一，比較重要的還是寶寶的步調，配合寶寶成長給予合適的食物。

剛開始吃副食品的時候，可以先開始餵食 10 倍粥，比較好消化吸收。第一次餵食都是從 1 次 1 湯匙開始，觀察寶寶的進食狀況和排便狀態等，沒有特別異狀或過敏現象後，每天再慢慢增加餵食量，少量嘗試各種全穀根莖類、蔬菜水果以及豆魚蛋肉類等食材後，就能夠把副食品增加至 2 餐。

每個嬰兒的成長與發展的進度不同，所以要多觀察他們嘴巴的動作、表情、聲音，然後配合寶寶自己的速度慢慢地進行，千萬不能操之過急。雖然在這段時間裡，媽媽很容易在不知不覺之中就陷入「再多吃一點」的想法，不小心就拼了命的餵，但父母其實扮演的是「讓寶寶學會自己吃」的輔助角色，所以用從容的心去看待這樣的過程是很重要的。

還有，除了進食狀況，爸媽們更要隨時保持住從容的心態，讓寶寶能在快樂的氛圍中進食。因為大人焦慮不安的情緒，很容易影響到寶寶，如此一來當然沒辦法愉快進食。

2. 副食品的進展會有停滯期

有時候覺得寶寶可以進食很順利，但是突然會有不想吃等狀況，像這樣時而停滯、時而重返原點，導致遲遲無法往下個階段邁進，或者好不容易順利進行，突然又不吃，這樣的情況反覆發生，是常見的事。

在餵食的過程中，發現寶寶出現厭惡或抗拒，雖然有可能只是單純的不合口味，但也有可能是因為食物的口感不好或是氛圍讓感的寶寶感覺不舒服，這種時候不要勉強餵食，要耐心仔細的觀察，免得造成對進食這件事產生不好的印象。

有時，要換位思考一下。即便是我們大人也會有心情不好不想吃東西的時候，也會有身體不舒服不想吃東西的時候，寶寶跟我們是一樣的。如果不是一直都不吃，就不需要過度擔心。所以千萬不要操之過急，對於消化、吸收能力還未成熟的寶寶來說，副食品只是吃固體食物的練習階段，所以沒有挑戰各種食材的必要。不必故意給孩子吃很多種類的食材，就先從不用擔心的安全食物開始！

看著「兒童健康手冊」的兒童生長曲線，發現怎麼只有 25-50 百分位，也不需要擔心，每個寶寶發育不同、食量不同或是喜歡吃的東西也都不同，只要生長曲線不要退步，寶寶一直維持 25-50 百分位，就表示寶寶有正常發育，千萬不要跟別的寶寶比較，讓家人和寶寶造成壓力。吃副食品最重要的是均衡飲食，再來就是保持愉快用餐，是很重要的！

3. 不同階段的副食品準備方法

年齡（月）	0-4 個月餵奶期	5-6 個月小口吞嚥期	7-8 個月口含壓碎期	9-11 個月輕咀慢嚼期	1-3 歲個月大口咬嚼期
母奶或配方奶	母奶或配方奶（以母奶為主）				乳品 2 份
全穀雜糧類		4 湯匙	2-3 份	2-4 份	1.5-2 碗
蔬菜類		1-2 湯匙	1-2 湯匙	2-4 湯匙	2 份
水果類		1-2 湯匙	1-2 湯匙	2-4 湯匙	2 份
豆魚蛋肉類			0.5-1 份	1-1.5 份	2-3 份
油脂堅果種子類					4 份

1 湯匙 =15 公克
1 歲前以母奶 / 配方奶為主，1 歲後才可以喝鮮奶
母奶 / 配方奶餵食次數以需求調整寶寶，配方奶濃度依各廠品包裝建議使用沖泡。

4. 副食品的進展標準

時期	5-6 個月	7-8 個月	9-11 個月	1 歲 -1 歲 6 個月
進食方法	觀察寶寶進食狀況，從 1 次1 湯匙開始	1 天進食 2 餐培養用餐規律增加食物種類，增加免疫功能學習吞嚥能力	1 天進食2-3 餐培養咀嚼能力培養自己吃飯	1 天進食 3 餐學習享受餐桌時光
硬度	磨成泥狀	舌頭可壓碎	牙齦可壓碎	牙齦可咬斷
黃色建議量	10 倍粥→ 8 倍粥磨成泥狀	5-6 倍粥	3-4 倍粥	軟飯 - 米飯
綠色建議	蔬菜煮熟後過濾水果榨汁或磨成泥	切碎成0.2 公分大小	切碎成0.5 公分大小	切碎成0.7 公分大小
紅色建議	蛋黃煮熟壓成泥狀	豬肉、雞肉煮熟用果汁機打成泥	切細碎或粗糙顆粒肉塊或魚肉和蛋白切成 0.5 公分大小烹煮	將煮熟食材切小塊或將肉撕成細絲

從 9 個月開始，要注意「綠色、黃色、紅色」三類食物

剛開始吃副食品主要目的是讓寶寶適應吃各式各樣的食物，不需要太在意營養成分及分量，但是等到 9 個月大，副食品一天可能增加到 2-3 餐，寶寶需要的熱量和營養以食物中攝取為主，所以需要考量營養均衡。

每餐都均衡攝取，並將「綠色、黃色、紅色」食物中各選出一種以上食物來製作副食品，每餐搭配主食、蛋白質、蔬菜就能輕鬆達到營養均衡。

綠色：蔬菜、水果、海藻、菇蕈類

綠色食物主要含維生素、礦物質，而且以黃綠色蔬菜、水果和海藻等食材含量最豐富。蔬菜水果中的維生素有提高免疫力的功效，通常深綠色和深黃色的蔬菜比淺色蔬菜含有較

多維生素與礦物質。不同顏色的蔬菜和水果有不同營養，每天食用各種顏色蔬菜水果，讓營養變化上更豐富。

黃色：全穀類、番薯、馬鈴薯等主食類、油脂類

黃色食物提供碳水化合物可增加體力，也是熱量來源，幫助寶寶維持身體成長，是不可或缺的營養素。油脂也能轉化為身體的熱量來源，但是油脂對寶寶負擔太大，所以少量攝取即可。

紅色：肉類、乳製品、豆腐製品、魚類、蛋類

紅色食物提供蛋白質，常見食物來源包括豆腐製品、魚類、肉類、蛋類、海鮮類等，蛋白質是製造肌肉、血液、骨骼等重要元素，幫助製造新組織和肌肉生長，有助於寶寶生長發育。

避免過敏問題，要先從了解食物過敏的原理開始

哪些食物容易導致過敏？

在探討哪些食物容易導致寶寶過敏之前，要先知道喝母乳與配方奶的寶寶可以吃副食品的時間並不同，配方奶寶寶的前四個月飲食基本上都會比較單調，所以建議滿 4 個月開始給予副食品，而喝母奶的寶寶，因為母奶裡面都有可能會含有媽媽的食物，所以腸胃道有機會一直適應著新食物，因此，喝母奶的寶寶基本上可以等到滿 6 個月之後再開始給副食品。

剛開始給寶寶吃的副食品，是為了讓寶寶在 4 個月到 9 個月的黃金免疫耐受性期，讓吃下去的副食品透過腸胃道的免疫細胞告訴身體：「這些副食品對我身體是好的有幫助的」，所以只要是天然、新鮮食材都可以嘗試著少量給予。除了一歲之前不能吃蜂蜜之外，就算是高致敏性食物也不須刻意延後時間嘗試，如果等到 1 歲才給寶寶吃海鮮，那腸胃道的免疫細胞就會覺得「以前沒給我吃過海鮮啊，表示海鮮對我身體不重要！」，就會導致免疫系統排斥海鮮，所以越晚吃過敏機率越高。

換句話說，在 9 個月前都要把所有食物嘗試過，讓免疫系統能熟悉所有食物，對所有食物耐受度也會有所增加。

不過，寶寶因為消化道機能還沒健全，所以沒辦法分解蛋白質分子，無法直接吸收的食物就會被身體認為是異物而容易引發過敏。常見過敏的食物，包括：

❶ 海鮮類（魚類、帶殼的蝦子、螃蟹、貝類）等等。

❷ 乳製品（鮮奶、起司、優格）

❸ 蛋白（雞蛋、蛋糕、餅乾）

④ 小麥（麵粉、麵包、濃湯、義大利麵）

⑤ 大豆（醬油、黃豆粉、豆腐、豆漿）

⑥ 堅果類（花生、腰果、開心果、核桃）

寶寶該如何避免過敏源？

當寶寶出現皮膚搔癢或出疹子等任何症狀，懷疑可能是因為副食品引起過敏的時候，就建議要帶去看小兒科醫師，接受醫師的診斷和指示，千萬不要因為害怕就自行限制寶寶的食物，這樣反而適得其反。

一般來說，食物過敏都是吃完食物後數分鐘到數小時會出現症狀。如果是新食物，在第一天、第二天吃後都沒事，但吃到第三天才出現過敏反應的話，通常是因為給的食物分量太多，而消化系統因為有極限，最後食物沒辦法消化所致。

低致過敏也是要遵循少量多樣化，每種食物的分量不宜過多。如果是第二個寶寶，而哥哥姐姐已經明確知道有花生引起的過敏，就要事先與兒童過敏免疫專科醫師諮詢討論，排除過敏食物以及解除限制食物的建議。

寶寶出現食物過敏時，會出現哪些症狀？

食物進入身體後，經過幾分鐘或幾小時內發生某些過敏症狀，屬於急性過敏，常見的多為皮膚症狀。若經過幾天才出現症狀屬於慢性過敏，症狀以腸胃道發炎為主，發現的症狀如下：

① 皮膚：搔癢、皮膚及眼睛周圍紅腫、發紅、急性蕁麻疹、濕疹

② 呼吸道：打噴嚏、咳嗽、鼻塞、流鼻水、氣喘、呼吸困難

③ 腸胃道：嘔吐、腹痛、腹瀉、血便

④ 口腔、喉嚨：喉嚨癢、喉嚨腫脹、喉嚨乾癢刺痛

嚴重者食物過敏可能會出現呼吸困難、嘔吐、心跳加速和失去意識的反應，可能會引起急性過敏性休克，有生命危險，都要立即就醫。

可以先用哪些食物取代過敏食物？
多久可以再次嘗試？

如果出現食物過敏，必須要經過醫師診斷，仔細確認寶寶的過敏情形，處理過敏症狀未改善考慮是不是食物過敏問題，爸媽記錄寶寶肌膚狀況及食物日記，有助於醫師確認狀況。如果只是輕微過敏先停止 1-2 週疑似引發過敏的食物，如果症狀消失，就需要排除該食物。

輕微過敏症狀可以等過 1-2 週可以在少量嘗試，觀察是否出現過敏。當出現嚴重過敏，需要定期接受醫師指導，半年至一年接受負荷試驗。

蛋類和奶類都是寶寶生長過程的重要營養來源，當寶寶無法從雞蛋和奶類攝取營養時，該用哪些食物取代過敏食物？尤其蛋類需要充分煮熟，加熱過程會讓食物分子產生變化，有助於避免引發食物過敏。

食材種類	取代食材	
蛋類	可取代蛋白質來源的食物有豆腐、肉類（豬、雞肉）、魚貝類	
牛奶	可取代的食物有豆腐、肉類（豬、雞肉）、魚貝類，取代牛奶中鈣質的食物有海藻類、魩仔魚、豆腐等	
小麥	避免小麥製品的食物，如麵包、義大利麵、麵粉製成甜點。食物應該以白飯為主，烹調可以太白粉或玉米粉取代麵粉。	

Chapter 1

小口吞嚥期〈5-6 個月〉的
寶寶餵食技巧和菜單設計

5-6 個月寶寶的 副食品餵食技巧

對第一次嘗試的寶寶來說，通常會把米粥滴得到處都是，
爸媽要不厭其煩的反覆餵入，
第一次吃的食物，一定要從 1 湯匙開始，
如果皮膚或糞便沒有出現變化，再慢慢增加餵食量。

寶寶 5 個月時第一週， 習慣米粥的時期，從 1 小匙開始

什麼時候寶寶可以開始嘗試吃副食品？很多寶寶到了 5-6 個月，由於頸部逐漸有支撐力，有些能坐得很好，或有支撐的話就能坐起時，爸媽們可以觀察一下，當他看到家人在吃東西，身體就會不自覺向前傾，嘴巴也會跟著蠕動，或是看到大人吃飯時，會發出聲音或流口水，這時把湯匙伸進嘴時，寶寶會很自然的把它頂出來，就差不多就可以開始餵副食品了。

其實，只要趁寶寶心情好，而且媽媽也有較多時間時，就可以開始進行，還有，最好選在上午餵過奶之後再進行餵食比較適當，一開始建議給寶寶吃容易消化的米粥，且是可以讓寶寶直接吞下肚的濃稠度。對第一次嘗試的寶寶來說，通常會把米粥滴得到處都是，爸媽要不厭其煩的反覆餵入，幫助他好好練習。等到副食品開始後 1 個月，習慣了米粥、蔬菜、薯類後，就可以嘗試加入含有蛋白質的食物。

首先是從磨碎米粒的稀飯開始，湯的量大約是米的 10 倍。使用嬰兒用的湯匙，餵 1 湯匙左右。第一次吃的食物，一定要從 1 湯匙開始，如果皮膚或糞便沒有出現變化，再慢慢增加餵食量。

第 5 個月的第 2 ～ 4 週，
90% 奶 +10% 一天一次副食品

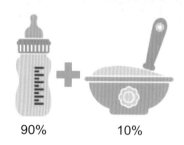

90%　　　　10%

第 6 個月，
80% 奶 +20% 一至二次的副食品

80%　　　　20%

循序漸進的餵食建議

　　寶寶 5 個月時，可以開始品嘗食物味道，最初的第一個月是習慣米粥的時期，剛開始由 1 小湯匙開始餵食 10 倍米湯、米糊，慢慢增加 2-3 小湯匙，用湯匙餵食讓寶寶學習吞嚥。

　　餵食適應後再漸進至 8 倍米糊、果汁、蔬菜泥……等，每種新添加食物，由少量 1-2 小湯匙開始，嘗試 3-5 天，觀察寶寶有沒有腹瀉、嘔吐或皮膚過敏等過敏症狀，再增加量或增加新的食物。

　　等到寶寶 6 個月時，副食品的攝取量約 1-2 次，一次進食的量大約 4-5 湯匙（約 60ml）左右。

・餵食米湯、米糊，從 1 小匙開始進行，再慢慢增加到 2-3 小匙

注意營養均衡！

一張表弄懂寶寶的營養需求

寶寶剛開始吃副食品，
先從嘗試低過敏食物及當季食材，先少量測試，
再漸進到高過敏食物。

5-6 個月寶寶可以吃 & 不能吃食物清單

寶寶剛開始吃副食品的時候，先嘗試低過敏食物及當季食材，先少量測試，再漸進到高過敏食物。

低過敏食物與高過敏食物列表

食物種類	衛生署建議	低過敏食物	高過敏食物
全穀根莖類	滿 4 個月從嬰兒米精、嬰兒麥精或稀飯開始，若無不適，再嘗試其他	白米、糙米、番薯、南瓜	小麥、全麥類、麥粉、芋頭、蕎麥、義大利麵、燕麥
豆魚蛋肉類	滿 6 個月先嘗試蛋黃、魚類，再提供豬肝、豬肉、雞肉，最後蛋白	蛋黃、雞肉、豬肉、牛奶、鮭魚、鯖魚、鱈魚	蛋白、黃豆、帶殼海鮮、不新鮮的魚和海產
奶類	1 歲前以母奶/配方奶為主，1 歲後再提供鮮奶及奶製品	母奶、水解蛋白配方奶、嬰兒起司	牛奶、起司、乳酪、蛋糕、餅乾

食物種類	衛生署建議	低過敏食物	高過敏食物
水果	滿四個月開始	梨子、葡萄、櫻桃、棗子、蓮霧、蘋果、火龍果	水蜜桃、奇異果、芒果、西洋梨、橘子、草莓、香瓜、香蕉和西瓜
蔬菜	滿四個月開始	高麗菜、紅蘿蔔、花椰菜、菠菜等	芹菜、茄子、香菇
油脂堅果類	1歲後提供油脂 1歲前提供堅果需磨粉少量嘗試	亞麻仁油、橄欖油、芥花油、大豆油	花生、堅果、麻油
其他	1歲以上才可以食用蜂蜜		人工色素、蜂蜜、含糖飲料、咖啡因飲料

掌握不同類別食材的硬度、大小與建議量

不論是喝母奶還是喝配方奶的寶寶，
搭配副食品時的一日飲食量，衛生署都有明確建議，
以下表格，爸媽們可以多加參考！

5-6 個月寶寶每日飲食建議

	衛生署一日建議量	食材顆粒大小	食物型態
母奶 / 嬰兒配方奶	以母奶為主		
全穀根莖類	嬰兒米精、嬰兒麥精、稀飯 4 湯匙	6-10 倍米糊	泥狀
蔬菜類	1 湯匙	蔬菜汁 - 蔬菜泥	無顆粒狀
水果類	1 湯匙	水果汁 - 水果泥	無顆粒狀

5 個月菜單時程表

6:00	母奶或配方奶 170-200ml
10:00	母奶或配方奶 170-200ml
12:00	稀飯 4 湯匙 + 菜泥 1 湯匙 + 果汁或果泥 1 湯匙
14:00	母奶或配方奶 170-200ml
18:00	母奶或配方奶 170-200ml
22:00	母奶或配方奶 170-200ml

6 個月菜單時程表

6:00	母奶或配方奶 170-200ml
10:00	母奶或配方奶 170-200ml
12:00	稀飯 4 湯匙 + 菜泥 2 湯匙
14:00	母奶或配方奶 170-200ml
17:00	果泥 2 湯匙
18:00	母奶或配方奶 170-200ml
22:00	母奶或配方奶 170-200ml

從一小匙十倍粥開始！

5-6 個月寶寶主食菜單

要讓寶寶適應奶水之外的食物，
可以從水分含量很多的 10 倍粥開始，
確認都沒有異狀後，再一匙、一匙慢慢增加分量！

10 倍粥

材料
白米	15 公克
水	150cc

作法

1. 將白米清洗乾淨。
2. 放入電鍋內鍋中加水，外鍋加入 1 杯水，按下開關煮成白粥，取出。
3. 再把煮好的白粥倒入果汁機中或食物調理機中，攪打均勻直到完全沒有顆粒後即完成。

營養師的小叮嚀

媽媽最常聽到寶寶吃的粥，大多從 10 倍、7 倍、5 倍粥開始。而所謂的幾倍，說的是水跟米的比例不同而定。當寶寶要開始適應副食品時，通常一開始都會從濃度最淡的 10 倍粥開始，等他月齡越來越大，而且也能習慣吃副食品，再慢慢調整粥的濃度，也就是在製作過程中把水量減少，增加米的分量，做出適合寶寶入口的濃稠度。

水果燕麥粥

材料	燕麥片	20公克（約3湯匙）
	蘋果	1/4 顆（小）
	水	90cc

作法

1. 先把燕麥片放入鍋中，再加入 90cc 的水，開火，並用小火煮，煮的過程中要邊攪拌，以免黏住鍋底，烹煮約 3-5 鐘後熄火。

2. 把鍋蓋蓋上燜約 10 分鐘，這個過程可以讓燕麥片變得更為濃稠。此時可以把蘋果洗淨、去皮及籽。

3. 把所有食材一起放入果汁機或食物調理機中，一起攪打均勻，直到沒有顆粒，即可倒出。

營養師的小叮嚀

燕麥片經過煮、燜的過程，一方面可以變得濃稠，但同時也可以更加軟爛，對於不想放入果汁機中攪打製作的爸媽們來說，直接用研磨的方式，也能做出無顆粒的粥品。

胚芽米粥

材料	胚芽米	5公克
	白米	10公克
	水	150cc

作法

1. 將胚芽米洗淨後泡水 1 小時以上，或者可以在前一晚把洗淨的胚芽米放入冰箱冷凍一個晚上。

2. 將白米洗乾淨，與胚芽米一起瀝乾水分。

3. 放入電鍋內鍋中加水，外鍋加入 1 杯水，按下開關煮成粥，取出。

4. 倒入果汁機或食物調理機中，一起攪打均勻，直到沒有顆粒的胚芽米粥即完成。

營養師的小叮嚀

1. 將生米放入冷凍，可以讓米粒膨脹以加速細胞破裂，如此一來就可以縮短浸泡時間。

2. 胚芽米的營養價值豐富，纖維量更是白米的 3 倍之多，所以不能一次全部用胚芽米來取代白米，而是要循序漸進的慢慢增加胚芽米量，因為纖維太多，容易導致寶寶腹部出現不適症狀。

南瓜牛奶糊

材料
南瓜	40 公克
母奶或配方奶	30cc

作法

1. 將南瓜洗淨後去皮，將籽挖除，均切成小塊。

2. 放入電鍋的內鍋中，外鍋加入 1 杯水，按下開關後把南瓜蒸熟。

3. 取出南瓜，用研磨缽搗磨出細密泥狀，或者可以用食物調理機，攪打到完全沒有顆粒的泥狀。

4. 加入母奶或是配方奶，一起攪拌成濃稠的南瓜牛奶糊即完成。

營養師的小叮嚀
煮熟的南瓜也可以與母奶或配方奶一起使用調理機攪打成泥。

地瓜麥片小米粥

材料
地瓜	1/4 個（小）（2 湯匙）
麥片	10 公克（1.5 湯匙）
小米	10 公克
水	100cc

作法

1. 先將小米洗淨後，以清水浸泡 2 小時，撈出、瀝水。地瓜洗乾淨後去皮、切成小丁備用。

2. 將所有材料放入電鍋內鍋，在外鍋倒入 1 杯水，按下開關後等跳起後再燜 30 分鐘。

3. 將煮好的地瓜麥片小米用果汁機或食物調理機攪打成糊狀，倒出後即完成。

紫地瓜米糊

材料
紫薯	1/4 個（小）（2 湯匙）
生米	5 公克
水	75cc

作法

1. 將白米洗乾淨，再把洗淨的紫薯切成小丁。

2. 白米和紫薯一起加水煮熟後取出，可以直接都放入果汁機或食物調理機一起攪打成沒有顆粒的紫色地瓜糊後即完成。

營養師的小叮嚀

製作完成的紫色地瓜米糊，顏色上非常粉紫漂亮，這裡的材料分量很少，忙碌的爸媽可以一次做多一點，冷凍保存，再分次取用。

馬鈴薯青花菜米糊

材料
馬鈴薯	30 公克
青花菜	10 公克
10 倍粥	30cc

作法

1. 將馬鈴薯去皮、洗淨後切成薄片。

2. 青花菜洗淨、硬梗處切細條狀。

3. 將馬鈴薯和青花菜蒸熟後用果汁機攪碎,加入 10 倍粥一起攪拌均勻。

營養師的小叮嚀

馬鈴薯切片時,切得越薄越可以縮短烹煮時間;青花菜的硬梗處要切得細些,且除了用電鍋蒸之外,也可以用熱水煮熟。

雙色薯泥

材料
黃色番薯	1/4 個(小)(2 湯匙)
紫薯	1/4 個(小)(2 湯匙)
生米	10 公克
水	150cc

作法

1. 將白米洗乾淨,再把洗淨的番薯和紫薯均切成小丁。

2. 黃色番薯加入一半的生米及水煮熟,取出後以果汁機或食物調理機攪打成沒有顆粒的薯泥,取出後裝入碗中;紫薯加入剩下的生米及水煮熟,取出後以果汁機或食物調理機攪打成沒有顆粒的薯泥,再裝入碗中,這樣分別攪打做出來的薯泥顏色會更漂亮些。

營養師的小叮嚀

除了分別攪打,也可以直接把所有食材煮熟後一起攪打,成沒有顆粒的薯泥。

馬鈴薯蘑菇濃湯

材料
馬鈴薯	30 公克
蘑菇	10 公克
母奶或配方奶	30cc

作法
1. 將馬鈴薯去皮洗淨切片。
2. 蘑菇洗淨切片。
3. 將馬鈴薯和蘑菇蒸熟後用果汁機攪碎。
4. 最後加母奶或配方奶拌勻即完成。

香蕉燕麥糊

材料
燕麥片	20 公克（約 3 湯匙）
去皮香蕉	1/4 根（小）
水	90cc

作法
1. 先把燕麥片放入鍋中，再加入 90cc 的水，開火，並用小火煮，煮的過程中要邊攪拌，以免黏住鍋底，烹煮約 3-5 鐘後熄火。
2. 把鍋蓋蓋上燜約 10 分鐘，這個過程可以讓燕麥片變得更為濃稠。此時可以把香蕉洗淨、去皮。
3. 把所有食材一起放入果汁機或食物調理機中，一起攪打均勻，直到沒有顆粒，即可倒出。

地瓜泥

黃色番薯　　1/4 個（小）（2 湯匙）
生米　　　　5 公克
水　　　　　75cc

作法
1. 將白米洗乾淨，再把洗淨的番薯均切成小丁。
2. 番薯加入生米及水煮熟，取出後以果汁機或食物調理機攪打成沒有顆粒的薯泥即完成。

小口吞嚥期〈5─6個月〉的寶寶餵食技巧和菜單設計

Unit 5

增加果汁和蔬菜泥！

5-6 個月寶寶配菜菜單

剛開始由 1 小湯匙開始餵食 10 倍米湯、米糊，
慢慢增加 2-3 小湯匙，
等餵食適應後再漸進至 8 倍米糊果汁、蔬菜泥……等。

綠花椰菜玉米泥

材料		
	綠花椰菜	30 公克
	玉米	5 公克
	水	25cc

作法

1. 綠花椰菜洗淨，與玉米、水一起煮熟，放入果汁機中攪打至無顆粒即可。

營養師的小叮嚀
30 公克的綠花椰菜，大約是傳統瓷碗 1/3 碗。

青江菜汁

材料	青江菜	50 公克
	開水	30cc

作法

1. 將青江菜煮熟放涼。
2. 加入 30cc 的開水,與青江菜一起用果汁機攪打,濾出湯汁即完成。

紅蘿蔔汁

材料	紅蘿蔔	50 公克
	開水	30cc

作法

1. 將紅蘿蔔煮熟後放涼。
2. 加入 30cc 的開水,與紅蘿蔔一起用果汁機攪打,濾出湯汁即完成。

營養師的小叮嚀
50 公克的紅蘿蔔,大約是傳統瓷碗的 1/3 碗。

營養師的小叮嚀
50 公克的青江菜,大約是傳統瓷碗的 1/3 碗。

小口吞嚥期〈5-6個月〉的寶寶餵食技巧和菜單設計

南瓜高麗菜泥

材料
南瓜	10 公克
高麗菜	20 公克
鴻喜菇	10 公克

作法

1. 將高麗菜和鴻喜菇洗淨、煮熟,放入果汁機或食物調理機中攪打後倒出。

2. 南瓜洗淨、去皮、切小塊,放入電鍋中蒸熟,取出後用研磨缽磨成泥,再與高麗菜、鴻喜菇一起攪拌均勻即可。

洋蔥泥

材料
洋蔥	50 公克
豌豆	10 公克

作法

1. 洋蔥洗乾淨,去皮及蒂頭後切絲。

2. 鍋中放入適量的水煮滾,水煮滾後放入洋蔥及豌豆煮熟,熄火。

3. 洋蔥用果汁機攪打成泥狀後即可盛入碗中,豌豆以湯匙壓碎成泥狀,放在洋蔥泥上即可。

綠花椰菜泥

材料	綠花椰菜	30 公克
	母奶或配方奶	30cc

作法

1. 花椰菜洗淨煮熟，放入果汁機中，加入母奶或配方奶一起攪打成細末即可。

菠菜泥

材料	菠菜	30 公克
	枸杞	5 公克

作法

1. 將菠菜洗淨、放入滾水中煮熟，撈出後放涼。

2. 放入果汁機中攪打成泥狀。

3. 枸杞煮熟後用研磨缽搗成泥，與菠菜泥一起放入碗中攪拌均勻。

營養師的小叮嚀

30 公克的綠花椰菜，大約是傳統瓷碗 1/3 碗。

木耳米糊

材料		
黑木耳	10 公克
10 倍粥	30cc

作法

1. 黑木耳洗淨、切小塊。
2. 將黑木耳放入電鍋蒸熟，放入果汁機後，加入 10 倍粥一起攪打成泥狀，即可盛碗。

冬瓜木耳泥

材料	冬瓜	25 公克
	黑木耳	5 公克

作法
1. 冬瓜去皮、去籽，洗淨後切成薄片。
2. 黑木耳洗淨、切小塊。
3. 將所有食材放入電鍋蒸熟，再用果汁機攪打成泥狀，即可盛碗。

結頭菜泥

材料	香菇	5 公克
	結頭菜	30 公克

作法
1. 將香菇洗淨，結頭菜洗淨、去皮後切片。
2. 所有食材放入電鍋中蒸熟，再放入果汁機中攪打成泥即完成。

番茄燉蘿蔔泥

材料	番茄	15 公克
	紅蘿蔔	15 公克
	馬鈴薯	10 公克

作法
1. 番茄洗淨去除蒂頭，在底部畫出十字，放入滾水中汆燙、取出後去皮。
2. 紅蘿蔔、馬鈴薯洗淨去皮、切薄片，放入電鍋中蒸熟。
3. 將所有食材放入果汁機中攪打均勻即可。

蔬菜番茄糊

材料
白花椰菜　　10 公克
番茄　　　　20 公克
甜菜根　　　5 公克

作法

1. 番茄洗淨後，去除蒂頭，在底部切出十字狀。

2. 鍋中放入適量的水煮滾，把整顆番茄放入汆燙，撈出、去除外皮，用果汁機攪打成糊狀。

3. 白花椰菜切成小朵後洗淨，水滾後放入白花椰菜與去皮甜菜根丁一起煮熟，撈出後放入果汁機攪打成泥狀，與番茄糊一起裝入碗中。

芭樂鳳梨汁

材料 芭樂、鳳梨　　　各 30 公克
　　 開水　　　　　　30cc

作法 1. 芭樂洗淨、去籽，與鳳梨、開水一起
　　　 放入果汁機中攪打成細末即完成。

木瓜糊

材料 木瓜　　30 公克（大約 2 湯匙）

作法 1. 將木瓜洗淨、去皮後，把籽去除乾淨。
　　 2. 將木瓜切塊後，放入研磨器研磨成
　　　 泥，或直接用湯匙刮下果肉成果泥即
　　　 完成。

營養師的小叮嚀
購買木瓜時，最好選擇紅肉的木瓜為佳，吃起來的口感
會更甜。

蘋果汁

材料 蘋果　　30 公克
　　 開水　　30cc

作法 1. 將蘋果洗淨、去皮，以研磨器研磨成
　　　 泥。

　　 2. 加入開水稀釋後攪拌均勻即完成。

營養師的小叮嚀
蘋果磨泥之後容易氧化，因此也可以直接放入果汁機中
一起攪打，可以緩和變色的情況。

Unit 6　家有 5-6 個月寶寶的爸媽最想問

新手爸媽最困擾的問題 Q&A

讓寶寶吃副食品時，是要在餵奶前還是喝奶後？
寶寶才 4 個多月，但對食物興趣很高，可以提早給他吃副食品嗎？
到底用微波爐微波副食品行不行？這些爸媽最想知道的解答都在本章裡！

Q1. 餵副食品要在餵奶前還是餵奶後？

A. 為了讓寶寶更快接受副食品，可以選擇餵奶前半小時至 1 小時，這時候寶寶有飢餓感，願意吃副食品的機會比較高。觀察寶寶進食狀況，並且注意是否有出現過敏反應和排便異常。等寶寶習慣副食品，慢慢增加分量，以及慢慢增加食物種類，達到可以增加餵食次數。1 歲前寶寶大部分的營養都是以母奶或配方奶為主，隨著副食品分量增加，奶量也隨之遞減，等到 1 歲後，副食品會取代為正餐，母奶或配方奶就會變成次要。

Q2. 寶寶不喜歡湯匙時，該怎麼辦？

A. 對寶寶來說，嘗試副食品是完全不同的體驗，因為初期使用湯匙餵食，寶寶會用舌頭把食物吐出來，表示寶寶還沒習慣湯匙進食和吞嚥，不代表寶寶不喜歡吃。爸媽不要放棄，可以示範給寶寶看陪著慢慢練習，多練習幾天就能吃得很好了。
剛餵食副食品時，可以用湯匙輕輕碰觸寶寶的下唇不要移開，引導寶寶張開嘴巴，將湯匙放在下唇上方，上唇自然放下且吸入副食品。5-6 個月吃副食品除了提供營養，還有讓寶寶練習「吞嚥」和「咀嚼」的意義，所以米精不加入奶瓶中食用，與稀飯一起用湯匙餵食練習吞嚥，有助於寶寶肌肉發展。

Q3. 寶寶副食品可以進行冷凍嗎？

A. 可以的。現在爸媽都是上班族，晚上又要顧寶寶。當寶寶初期副食品都只吃一點點，每天都要準備副食品真的很麻煩，可以花一次的時間把 1 週的副食品製作好放入冷凍庫冷凍。每次拿一餐分量拿出來解凍，再放入電鍋或者微波爐加入即可食用，可以解省製作流程和烹煮時間。如果家裡有準備餐食，可挑選調味不重且味道單純的食物，或者烹煮的食物的食物，在未調味前先預留給寶寶，再使用食物調理棒製作成泥狀也很方便。海鮮類食物容易氧化，蛋和豆腐不易保存，也不適合冷凍保存，新鮮現做比較好。想放入冰箱冷凍保存，要挑選密封夾鏈袋、塑膠保鮮盒或玻璃保鮮盒等可密封保存的器具，才能留住營養與新鮮。冷凍的副食品最好在 2 週內吃完，不新鮮的副食品可能有害寶寶健康。

Q4. 使用微波爐加熱食品，會不會破壞食物的營養素？

A. 微波爐加熱原理是靠微波穿透食物，水分子利用震動摩擦產生熱能，所以不會破壞食物中的營養素。

Q5. 寶寶才 4 個月，可以提早吃副食品嗎？

A. 寶寶滿 4 個月之前，腸黏膜細胞之間空隙很大，堡壘構築還未完成，所以要等到滿 4 個月後，腸胃道功能準備好才可以開始吃副食品，而寶寶 4 個月到 9 個月大是訓練寶寶免疫耐受性，只要是天然食物，都可以吃，都可以增加寶寶耐受性，以及減少寶寶過敏的機率，所以一歲前除了蜂蜜，不要刻意閃躲高過敏食物，反而可以增加寶寶免疫耐受黃金期，4 個月到 6 個月是開始吃副食品最佳時機。

Q6. 果汁一定要稀釋嗎？

A. 有些水果含有甜度和酸度，第一次食用的寶寶要先加開水稀釋，水果和開水以 1:1 稀釋，以湯匙餵食。等寶寶適應之後再慢慢增加濃度。每次大約餵 5-10cc。果汁不當作其中一餐，稀釋的果汁也不能當開水一樣補充。

Chapter2
口含壓碎期〈7-8 個月〉的
餵食技巧和菜單

口含壓碎期餵食技巧！

每天兩次
餵食多樣化的副食品

所謂的口含壓碎期，就是當有顆粒狀副食品會利用舌頭壓碎後再吞下，
這個時期要多多注意食物的硬度、大小＆可以用的調味料的量，
並從一小匙柔軟顆粒的果醬狀開始習慣！

如果寶寶已經能夠津津有味地吞嚥 5-6 個月的料理，就可以向 7-8 個月的口含壓碎期階段邁進，吃副食品的次數也能增加到 1 天 2 餐。大約在滿 6 個月左右，有些寶寶就會開始長出第一顆牙齒，一般來說，在 0-1 歲之間長出第一顆牙齒都屬正常，寶寶雖然還沒長牙，但已經能開始咀嚼食物，所以爸媽不用過於緊張。

所謂的口含壓碎期，就是寶寶會利用舌頭前後動，也會上下活動，當有顆粒狀副食品沒有辦法直接吞下去時，就會利用舌頭壓碎後再吞下。進入這個時期就可以準備 6 倍粥且不用攪成泥狀，6 倍粥像是柔軟顆粒的果醬。

進入這個時期以後，用餐的時間要儘量固定，也因為寶寶對身邊的聲音和狀況很敏感，所以如果周遭的氣氛是愉快的，自然能引發寶寶對用餐的期待，讓食欲更好。

此時期副食品更豐富，就要讓寶寶體驗變化較多的副食品，就要讓他品嘗不同的食物味道，並培養好味覺，往後就能接受各種食物，避免出現挑食的情況。如此一來就能吸收到豐富的營養，增加腸道免疫耐受，減少過敏機率健康成長。

7 個月的寶寶已經能自己坐著，但還不會自己吃飯，所以在固定的地方，讓寶寶坐上餐椅吃飯，將加熱好的食物放在桌上，讓他學習抓握湯匙，且不斷的練習，藉由這樣的訓練過程，來培養寶寶正確的用餐習慣。也可開始準

備雙邊有握手把的杯子或吸管杯來訓練寶寶抓握能力，藉此幫助他戒掉奶瓶的習慣。

此時期可以準備米餅或小饅頭，可以訓練用手進食的握力，如果寶寶已經長牙齒，可以給予吐司或饅頭等食物，方便手拿的大小，也能做為固齒食物。

7 個月大寶寶
70% 營養來源為母奶或配方奶，30% 副食品

這時期的營養來源主要還是來自母乳或配方奶，雖然寶寶從副食品中獲得營養的比例慢慢增加了，但還是有一半以上的來源是來自母乳或配方奶。這個時期的奶、副食品比例大約是每天 5-6 次哺乳，2 餐副食品。但寶寶吃完副食品後如果還想喝奶，也可以像之前一樣滿足他的需求。

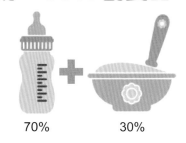

70%　　　　30%

每餐可以進食 6 倍粥，分量維持在 4 湯匙，寶寶在這時期成長快速，因此可以開始增加母奶或配方奶所不足的蛋白質，每天添加蛋白質 0.5 份。不過因為蛋白容易會有過敏現象，所以可以先從蛋黃開始嘗試，再來的順序是豬肝、豬肉、雞肉、牛肉、魚肉等等。直到攝取所有蛋白質沒有出現過敏現象，再開始給寶寶吃全蛋。

8 個月大寶寶
60% 營養來源為母奶或配方奶，40% 副食品

寶寶在 8 個月大時開始學習爬行，這時期體力消耗變大，開始增加稀飯和蛋白質分量，每天全穀根莖類 2 份，蛋白質 0.5-1 份，滿足身體所需，設計副食品以每天 2 餐副食品、1 餐點心。

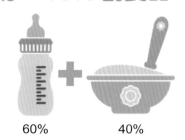

60%　　　　40%

Unit 2　讓 7-8 個月的寶寶適應壓碎及吞嚥感！

硬度、大小 & 可以用的調味料分量

改變食材的硬度前，先從調整食物的形狀大小著手，
可以先從其中一樣食材開始，切的時候切稍微大塊一點，
如果寶寶能順利進食再慢慢將硬度提高！

　　開始吃副食品約 2 個月左右，飲食上的規律性也慢慢變得比較穩定，如果寶寶能順利吞嚥 5-6 的副食品的話，就可以進入副食品第二階段，7-8 個月寶寶的營養攝取與食材製作前進。在寶寶的吞嚥能力更上一層樓後，所以可以準備挑戰泥糊狀食物，且進入 7-8 個月的副食品，也要從 1 天 1 餐，增加到 1 天 2 餐。在食材的選擇上，也可以開始加入肉、蛋黃等蛋白質。

　　雖然在 6 個月的後半階段，已經進入非單一食物的攝取練習，但在這個階段初始，建議還是先給寶寶從單一的泥糊狀食物，因為如果一下子把所有的菜都變得不一樣，寶寶也會感到困惑，因此等確認都沒有異狀，再開始加入 2-3 種食物。也就是除了全穀根莖類、可以加入蔬菜、豆魚肉蛋類等食材，讓營養能更全面。

而改變食材的硬度前，先從調整食物的形狀大小著手。可以先從其中一樣食材開始，切的時候切稍微大塊一點。以紅蘿蔔來說，大約是從原本 0.2 公分的細末，調整到 0.4 公分的細丁。

5-6 個月的食材大小　　　　　　7-8 個月的食材大小

　　如果寶寶能順利進食再將硬度提高。食材的硬度可以比照豆腐，也就是只要用手輕壓就能捏碎。同時在這個時期也可以開始嘗試新食材，比如同樣是魚，在 5-6 時期選擇軟嫩的白肉魚，在這個階段就可以選擇肉質硬一點的魚，例如土魠，在製作時可以加些水分，讓寶寶更願意嘗試。

營養師的小叮嚀

在這個時期，許多爸媽也會同時準備自己的食物。如果是和大人的食物一起烹調，像是肉、海鮮這類蛋白質食材，在調味前先把寶寶要吃的食材取出。
此外，寶寶一次食用的量並不多，對於又忙又不想買外食的爸媽可以這樣製作副食品。那就是一次大量製作後再分成小包後進行冷凍保存，可以利用假日空檔先做起來。

從一小匙柔軟顆粒的果醬狀開始習慣！

7-8 個月寶寶的 每日飲食建議

不論是喝母奶還是喝配方奶的寶寶，
搭配副食品時的一日飲食量，衛生署都有明確建議，
以下表格，爸媽們可以多加參考！

	衛生署一日建議量	食材顆粒大小	食物型態（舌頭可壓碎）
母奶 / 嬰兒配方奶	以母奶為主		
全穀根莖類	7 個月嬰兒米精、嬰兒麥精、稀飯 4 湯匙 8 個月 2 份	7 個月 6 倍粥 8 個月 5 倍粥	稀飯 略有顆粒
豆魚肉蛋類	0.5 份 -1 份	蛋黃泥、肉泥	泥狀
蔬菜類	2 湯匙	蔬菜泥 切碎 0.2-0.3 公分	切碎
水果類	2 湯匙	水果泥 切碎 0.2-0.3 公分	切碎軟水果

* 不建議提供油脂類與鮮奶
* 家人沒有堅果過敏，可磨粉少量嘗試
* 視寶寶食欲及生長狀況，給予適當食物分量與型態

7 個月寶寶的一日飲食建議

6:00　　母奶或配方奶 200-220ml

10:00　母奶或配方奶 200-220ml

12:00　6 倍粥 4 湯匙 + 菜泥 2 湯匙 + 蛋黃一顆或碎肉 1 湯匙

17:00　母奶或配方奶 200-220ml

19:00　果泥 2 湯匙

21:00　母奶或配方奶 200-220ml

8 個月寶寶的一日飲食建議

6:00　　母奶或配方奶 200-220ml

8:00　　果泥 2 湯匙

10:00　母奶或配方奶 200-220ml

12:00　全穀雜糧類 1 份（5 倍粥半碗）+ 菜泥 1 湯匙 +
　　　　　蛋黃一顆或碎肉 1 湯匙

17:00　母奶或配方奶 200-220ml

19:00　全穀雜糧類 1 份（5 倍粥半碗）+ 菜泥 1 湯匙 +
　　　　　蛋黃一顆或碎肉 1 湯匙

21:00　母奶或配方奶 200-220ml

從一小匙六倍粥開始！

7-8 個月寶寶的主食菜單

進入 7-8 個月的副食品，從 1 天 1 餐，
增加到 1 天 2 餐，
除了全穀根莖類、
可以加入蔬菜、豆魚肉蛋類等食材，讓營養能更全面。

□含壓碎期〈7－8 個月〉的餵食技巧和菜單

6 倍粥

材料	白米	40 公克
	水	240cc

作法

1. 將白米清洗乾淨。
2. 放入電鍋內鍋中並倒入水，按下開關煮成白粥即完成。

營養師的小叮嚀
1. 6 倍粥米水比例是米 1 水 6。
2. 這裡使用的是生米。如果想煮出口感上更滑順的粥，可以事先把生米煮成熟飯，放涼後移入冰箱冷藏一個晚上，隔天再取出來煮粥即可。

糙米粥

材料
白米	30 公克
糙米	10 公克
水	240cc

作法

1. 將糙米清洗乾淨後，注入清水蓋過表面，泡水 2 小時，撈出。

2. 將白米清洗乾淨。

3. 白米和糙米加水，放入電鍋內鍋中後按下開關，煮成煮成糙米粥即完成。

營養師的小叮嚀

糙米粥的材料如果能在前一晚洗淨後，放入冰箱冷凍，再加入水一起烹煮，不僅可以縮短熬煮時間，口感上更是滑順。

南瓜豆腐煲麵

材料
南瓜	20 公克
烏龍麵	40 公克
豆腐	15 公克
高湯〈或母奶、配方奶〉	100cc

作法

1. 烏龍麵均切成 0.5 公分長，放入滾水中汆燙，取出、瀝乾水分備用。

2. 南瓜洗淨外皮、去籽，切成薄片，放入電鍋中蒸熟，取出、壓泥備用。

3. 鍋中放入南瓜、高湯〈或母奶、配方奶〉攪拌均勻，繼續加入壓碎的豆腐及烏龍麵一起煮滾即可熄火撈出。

蘿蔔麵包粥

材料
市售吐司　　　　　　　　1 片
紅蘿蔔　　　15 公克（1 湯匙）
蘋果　　　　15 公克（1 湯匙）
母奶〈或開水、配方奶〉　100cc

作法
1. 吐司撕碎後備用。
2. 紅蘿蔔洗淨、切薄片，蒸熟後取出壓成細碎。
3. 蘋果洗淨，去皮及籽，再磨成泥狀。
4. 將吐司、紅蘿蔔、蘋果和母奶加入鍋中煮成軟爛的口感即可。

南瓜米糊

材料
6 倍粥　　　50 公克
南瓜　　　　20 公克

作法
1. 南瓜洗淨外皮、去籽，切成薄片，放入電鍋中蒸熟，取出、壓泥備用。
2. 鍋中放入南瓜、6 倍粥一起煮滾即可熄火，撈出盛盤。

營養師的小叮嚀
可以直接使用 6 倍粥來製作南瓜米糊。

雙色薯餅

材料
黃色番薯	1/4 個（小）（2 湯匙）
紫薯	1/4 個（小）（2 湯匙）
6 倍粥	150cc

作法

1. 把洗淨的黃色番薯和紫薯均去皮後切成薄片，蒸熟。

2. 黃色番薯壓碎加入一半的 6 倍粥拌勻；紫薯壓碎加入剩下的 6 倍粥攪拌均勻。

3. 將雙色薯泥用自己喜歡的模具塑型即完成。

蒸饅頭

材料　市售白饅頭　1/3 個（30 公克）

作法　1. 使用電鍋將饅頭蒸熟
　　　2. 讓寶寶用手握取食物

蒸蘿蔔糕

材料　市售蘿蔔糕　1 塊（約 50 公克）

作法　1. 將蘿蔔糕放入電鍋中蒸至軟
　　　　透，取出後以湯匙壓碎即完
　　　　成。

米餅

材料　市售幼兒米餅　1 片

營養師的小叮嚀
主要是讓寶寶練習用手握取食物，也可以換成
白饅頭來進行。

增加菜色變化、培養寶寶味覺！

7-8 個月寶寶的配菜菜單

在這個時期可以開始嘗試新食材，許多爸媽也會同時準備自己的食物，
如果是和大人的食物一起烹調，像是肉、海鮮這類蛋白質食材，
在調味前先把寶寶要吃的食材取出，
製作時可以多加些水分，讓寶寶更願意嘗試！

山藥蛋

材料	山藥	160 公克
	雞蛋	1 顆

作法

1. 山藥洗淨後去皮，切成薄片，雞蛋洗淨，一起放入電鍋中蒸熟、取出。

2. 將蒸熟的雞蛋取出蛋黃部分。

3. 最後把山藥片及蛋黃用湯匙壓碎並拌勻即完成。

營養師的小叮嚀
製作這道料理的雞蛋一定要新鮮的，不新鮮的蛋，蛋黃膜容易受破壞，造成卵黏蛋白進入蛋黃內，造成過敏。

杏菜拌魩仔魚

材料
魩仔魚　　　30 公克
白杏菜　　　30 公克
大蒜　　　　1 瓣

作法
1. 將魩仔魚用清洗、瀝乾水分。
2. 白杏菜洗淨，切除根部，大蒜去外皮。
3. 所有材料蒸熟後切成細末即完成。

鱸魚肉泥

材料
鱸魚　　　　30 公克

作法
1. 鱸魚洗淨，放入電鍋或用瓦斯隔水蒸熟。
2. 將鱸魚取出來，挑除魚刺，再以食物調理機或叉子攪成泥狀即可。

營養師的小叮嚀
如果覺得去除魚刺很麻煩，也可以直接購買已經去除乾淨，切成片狀的鱸魚來製作，會更方便且省時。

奶香鮭魚

材料	鮭魚	30 公克
	高麗菜	20 公克
	母奶 / 配方奶	30cc

作法

1. 鮭魚去除魚刺,與洗淨的高麗菜一起切成細末。

2. 放入鍋中,一起拌炒到熟,加入母奶或是配方奶一起煮滾即可熄火盛盤。

營養師的小叮嚀
買回來的鮭魚要用手摸一下,確認魚肉裡有沒有帶魚骨或小刺,要小心去除。

雞肉泥

材料	去骨雞肉	30 公克

作法

1. 將去骨雞肉去皮,放入電鍋或直接用瓦斯隔水蒸熟。

2. 取出後用食物調理機攪拌成泥狀。

營養師的小叮嚀
也可以直接買雞絞肉,或直接請攤商絞碎,製作上會更省時。

豬肉泥

材料 豬腰內肉　30 公克

作法
1. 買回來的腰內肉切成小塊，蒸熟。
2. 再用食物調理機絞碎成泥即完成。

營養師的小叮嚀
腰內肉位於豬背到腹部中段，也是豬肉中最軟嫩、脂肪含量也比較少的部位，所以很適合用來製作成豬肉泥給寶寶吃。

豆腐泥

材料 盒裝嫩豆腐　1/6 盒（50 公克）

作法
1. 將嫩豆腐取出，用開水汆燙過。
2. 再用湯匙壓成泥狀即完成。

營養師的小叮嚀
板豆腐因為口感比較硬，所以不適合用來製作這道料理。

毛豆糊

材料
毛豆	30 公克
開水	適量

作法

1. 毛豆洗淨。
2. 鍋中放入適量的水煮滾，放入毛豆，汆燙 5 分鐘後撈出。
3. 將毛豆去殼後，取出毛豆仁，加入開水，以果汁機攪打成泥狀即完成。

照口腔發展進程分為 4 階段準備！

冬瓜泥

材料 冬瓜　　　50公克

作法
1. 冬瓜洗淨後削皮並切小塊。
2. 放入電鍋蒸熟後，取出攪成泥狀即完成。

空心菜末

材料 空心菜　　60公克

作法
1. 把空心菜洗淨，切成約3公分長段。
2. 鍋中放入適量的水煮滾，放入空心菜煮熟後撈出。
3. 將空心菜切成碎末即完成。

甜豌豆蘑菇

材料
甜豌豆　　25公克
蘑菇　　　5公克
紅蘿蔔　　5公克
水　　　　20cc

作法
1. 甜豌豆去粗絲，所有蔬菜洗淨，切成碎末。
2. 將甜豌豆和紅蘿蔔放入鍋中煮軟。
3. 再加入蘑菇、水煮熟，攪拌均勻即完成。

滑蛋花椰菜

材料	綠花椰菜	30 公克
	蛋	1/2 顆
	高湯 / 水	50cc

作法

1. 花椰菜洗淨後切碎備用。
2. 將蛋打入碗，攪拌均勻後備用。
3. 鍋中倒入適量的水煮滾，放入綠花椰菜汆燙後撈出。
4. 將高湯或水放入鍋中，加入綠花椰菜，煮滾後加入一半的蛋液，轉成小火，再拌炒至熟即可。

營養師的小叮嚀

寶寶在 7-9 個月期間有試過蛋黃、雞肉、豬肉等其他蛋白質食物，就能嘗試蛋白。剛開始可由一小口少量進行，若沒有出現過敏現象再逐漸增加分量。

香蕉泥

材料 香蕉　　　1/4 根

作法 1. 香蕉洗淨去皮,再用湯匙壓碎成果泥即完成。

梨子泥

材料 梨子　　　1/4 顆(小)

作法
1. 梨子洗淨後,先削去外皮以及籽。
2. 再以研磨器把梨子研磨成泥狀即完成。

A 菜泥

材料 A 菜　　　60 公克

作法
1. 將 A 菜上的泥土沖洗乾淨,切除根部。
2. 鍋中放入適量的水煮滾,放入 A 菜汆燙煮熟後撈出,再攪成粗泥狀即完成。

橙汁番薯

材
料

柳橙　　　　1 顆
番薯　　　　1/4 條（小）

作
法

1. 番薯切小塊蒸熟後，用湯匙壓碎

2. 柳橙剝皮去籽及膜並切碎，和番薯一起拌勻即可

葡萄泥

| 材料 | 葡萄 | 6 顆 |

作法
1. 葡萄洗淨、去籽。
2. 用湯匙壓成泥狀,或用刀子切碎。

蓮霧末

| 材料 | 蓮霧 | 1 顆 |

作法
1. 蓮霧洗淨對切,去頭去尾去除籽。
2. 用研磨器磨成碎末即完成。

家有 7-8 個月寶寶的爸媽最想問

新手爸媽最困擾的問題 Q&A

製作副食品時的湯底,要用什麼比較好?
外出時該怎麼幫寶寶準備?哪些魚適合拿來做副食品?
這些爸媽最想知道的答案都在本書裡。

Q1. 7-8 寶寶副食品是不是都要用大骨高湯煮粥?

A. 寶寶吃副食品的時候,長輩認為大骨湯含有豐富鈣質,幫助寶寶骨骼發育,所以會熬湯煮粥給寶寶吃。不過現在因為環境污染比較嚴重,有毒重金屬容易殘留在動物大骨頭中,長時間熬湯過程中,骨髓裡的重金屬會釋放在高湯裡,寶寶跟著粥一起吃下去會有影響健康的疑慮。想要熬煮高湯不妨使用新鮮蔬菜、柴魚或海鮮,就是一鍋營養的高湯。

Q2. 寶寶吃副食品都用吞的怎麼辦?

A. 8 個月大的寶寶已經會用牙齦和舌頭壓碎食物物,很多爸媽認為寶寶沒有牙齒,所以一直給細碎食物,這樣寶寶不習慣將食物壓扁,直接把副食品吞下去。這時候可以試試給軟的或有點硬的食物,就會練習把食物擠碎再吞下去。9-11 月大的寶寶,已經可以靠牙齦咬合的力量把塊狀的食物弄碎再吞下去。但是要避免過大或過硬的食物,像花生、堅果或糖果等,容易寶寶噎到。

Q3. 外出時寶寶的副食品該怎麼準備？怎麼帶？

A. 1. 準備新鮮水果，如香蕉、蘋果、奇異果等。再使用鐵湯匙，就能方便刮出果泥餵食。

2. 將副食品煮熟做成冰磚，做冰磚時使用可冷凍可微波加熱的容器，如陶瓷保鮮盒或玻璃保鮮盒，每個容器盛裝一餐分量，使用保冷袋或保冰容器攜帶，要吃的時候再借超商微波爐加熱。把寶寶粥煮熟放入保溫瓶中，必須加熱溫度至少攝氏60度以上，保溫不能超過3小時為限。

3. 燜燒罐煮粥，前一天晚上生米洗淨泡水備用，出門前將煮粥的食材洗淨切碎，跟生米一起放入燜燒罐，加入滾水到水位線，蓋上蓋子熱杯3分鐘，然後將水倒掉，再次加入滾水至9分滿，蓋上蓋子搖晃讓食材均勻受熱。燜2～4小時即可食用。

4. 市售可常溫保存的寶寶粥，要吃之前再隔水加熱或微波加熱就可以食用。

5. 如果考慮副食品製作太麻煩，攜帶太多東西，可以旅遊的時候買一些白吐司、白粥或饅頭就可以直接食用。

Q4. 什麼時候可以訓練寶寶自己吃飯？

A. 寶寶在4-6個月大時，開始使用湯匙餵食，也開始好奇「湯匙」這個餐具，只會拿在手上玩。寶寶6個月大時寶寶開始發展精細動作，可以給寶寶一些手指食物，像嬰兒餅乾、小塊水果、吐司練習抓握，如果寶寶想用湯匙挖碗裡的食物，也可帶著寶寶練習，讓食物順利放在嘴巴。訓練寶寶自己吃飯，可在吃飯前將餐桌下鋪報紙，穿上學習防水口袋的圍兜兜，爸媽可以在旁邊幫忙餵食幾口，這樣寶寶很快就會學會自己用湯匙吃飯，有些寶寶不到1歲就會自己拿著湯匙熟練地吃飯。如果沒有機會自己拿食物吃的孩子，用湯匙吃飯也比較慢學會。放手讓寶寶學習自己吃，不是丟著不管他就會自己吃，還是需要爸媽循序漸進一步一步引導他，寶寶總是吃得髒兮兮、食物掉滿桌掉滿地，這對寶寶來說更有助於學習，並增進小肌肉和大肌肉發展。

Q5. 寶寶開始吃副食品後，大便變硬怎麼辦？

A. 開始吃副食品後，食物改變腸道消化吸收功能，寶寶可能會有大便很粗需要出力，有時候會有一顆一顆羊大便，只要大便時不哭不鬧，用力時只是臉紅脖子粗，這都是正常的，不算便秘，但要注意肛門口是否有破皮或出血。寶寶可能會出現好幾天沒有大便，可以試試增加富含纖維質的蔬菜和水果，當吃完副食品，可額外給予約 30cc 水分，讓大便吸收水份變軟，也可以順便清潔口腔達到預防蛀牙的效果。

Q6. 寶寶吃副食品出現拉肚子代表過敏嗎？

A. 寶寶吃副食品要多觀察每天便便次數還有形狀，腸胃還在適應新的食物，剛開始可能會出現消化不良造成大便次數變多，如果大便次數比平常多增加 1-2 次，大便成泥狀或稠稠的，不需要太過擔心。如果以上症狀出現三天以上，觀察副食品是否一次給太多種類，以及分量過多。這時候副食品要遵循新的食材每次一湯匙開始餵起，再慢慢增加分量。如果改變副食品餵食方式，仍然沒有改善，要帶寶寶看醫生了。一般吃副食品不容易有水便或稀便，所以萬一大便次數超過 6 次，則可能是腸胃型感冒，建議要直接看醫生。

Q7. 寶寶什麼時候可以開始吃雞蛋？

A. 對副食品來說，蛋白和蛋黃是不同的食物，蛋黃有很多營養成分不容易過敏，但是蛋白則容易引發過敏。所以剛開始可先試蛋黃，再試其他豬肉、雞肉、豆腐等食物，沒有過敏現象，也沒有爸媽和家族成員對蛋白過敏，就可以嘗試蛋白。如果怕雞蛋過敏，而延遲到一歲後才吃蛋白，這樣寶寶對雞蛋過敏的機會會更高。

Q8. 哪些魚適合做副食品？

A. 為了幫助寶寶大腦發展，要讓寶寶多攝取魚肉，富含的蛋白質也是身體成長所需要的成分，初期可選擇新鮮、肉質細嫩和刺少的魚。像鱈魚、鯛魚、鱸魚、黃魚和鯧魚等，料理時方便去鱗片和魚刺，肉質鬆軟比較好剁碎餵食寶寶。如果是上班族媽媽，可以選擇市售常見冷凍去刺的魚類，如鯖魚、鱸魚、虱目魚肚、龍虎石斑魚。冷凍生魚在調理前，切小塊一餐分量，直接跟粥一起煮熟即可，餵食前再用筷子剁鬆散或用剪刀剪碎。不新鮮的魚類或是加熱不完全也是會造成食物過敏，所以購買魚類一定要選擇新鮮，並確實加熱煮熟。雖然吃魚有助於腦部神經發育，但是大型魚類重金屬甲基汞可能含量較高，如：旗魚、鮪魚、鯊魚，建議不要吃容易重金屬殘留的內臟、魚皮及魚油等部位，也要選擇體型較小，或是不同類型會有助於分散風險。

Q9. 寶寶突然不喜歡吃副食品，怎麼辦？

A. 7個月大的寶寶開始會表現對食物的喜好，發現寶寶不想吃的時候，不一定是寶寶挑食，有時是吃膩了，這時可以先餵食其他食物，過陣子再嘗試看看。也可試著改變烹調方法或者改變食物顆粒大小，鼓勵寶寶嘗試。若是因為不喜歡食物的氣味，像是青菜、青椒等，可以加入甜味的南瓜跟蔬菜一起烹調，漸進式讓寶寶習慣食物的味道，如果越強迫寶寶吃，越容易養出拒絕型的寶寶。

Chapter3
輕咀慢嚼期〈9-11 個月〉的餵食技巧和菜單

9-11 個月輕咀慢嚼期餵食技巧

當寶寶進入 9-11 個月時，可以按照寶寶的步伐，
再根據這時期副食品的餵養原則，
調整成一日三餐給予副食品。

　　若寶寶已經可以確實坐穩、靈活使用雙手，也幾乎可以 1 天吃 2 餐副食品，而且吃的時候能吞嚥像豆腐般硬度的食物，且能將嘴巴閉上，就可以準備往 9-11 個月的副食品階段邁進。且從這個階段開始，要訓練寶寶 1 天吃 3 餐，當他能適應後就可以和大人一起用餐，且和家人一起用餐的話更能刺激寶寶的食欲。爸媽只要用心營造規律的生活節奏，就能讓寶寶快樂用餐！

　　當寶寶進入 9-11 個月時，活動量一定會逐漸增多，所以在這段時期，不僅要透過副食品來取營養素，還有卡路里也必須靠副食品來實現，因此這個階段的副食品就更為重要。進入這個時期，基本上可按照寶寶的步伐外，再根據這時期副食品的餵養原則，

　　調整成一日三餐給予副食品，每一餐的分量也應該逐漸增加。萬一寶寶出現消化不良的情況，就可以暫時調整回 7-8 個月時的模式，等到寶寶的狀況解除，再根據狀態來調節副食品的次數與餵食量。

其次，開始規範寶寶的吃飯時間，也是這個階段的重要工作。一開始可以把寶寶每次吃副食品的時間定為 30 分鐘，這是為了要避免寶寶一邊吃飯一邊玩耍，這樣就會拉長吃的時間。在培養寶寶飲食習慣的這個過程裡，媽媽應該要讓寶寶懂得分辨「應該在特定的時間好好吃飯，不能邊吃邊玩」，將吃飯時間制定為 30 分鐘，時間到了就把飯收走，這樣才能讓寶寶更瞭解專注於吃飯是非常重要的。

這個時期，因為授乳量逐漸減少，同時也一邊提高了副食品，所以讓寶寶均衡地攝取 5 種營養素就變得非常重要。要讓寶寶均衡地攝取蛋白質、碳水化合物、維生素、脂肪、礦物質等五大營養素。蛋白質對寶寶的成長發育來說是非常重要的營養素，比如雞肉、白色魚肉、牛肉等富含蛋白質的食物，至少每天要給予 2-3 次，且每餐都應包含兩種以上的營養素。

寶寶已經習慣 1 天吃 2 餐副食品，就可以開始進入輕咀慢嚼期

寶寶到這個階段時差不多已經可以自己坐穩，且能靈活使用雙手，運動機能逐漸發達。如果發現寶寶在吃豆腐般硬度的食物毫無阻礙，就可以進入到輕咀慢嚼期。

這個階段吃副食品的次數，會從 1 天 2 次增加到 1 天 3 次，等寶寶適應之後，再慢慢調整每天的生活作息，儘量和大人在相同的用餐時間吃飯。但要注意太晚進食容易造成腸胃的負擔，因此最好可以在晚上 7 點前吃飽。

漸漸會用牙齦咬食物
可以開始練習用杯子喝水

　　此時期的寶寶對原本無法用舌頭壓碎的食物，也慢慢的學會以牙齦咀嚼後再吞嚥。如果寶寶鼓起雙頰，並閉口咀嚼食物再吞下去的話，代表他有仔細咀嚼。等到了長出門牙的輕咀慢嚼後半階段，就能慢慢用門牙咬食物。

　　另外，此時也是寶寶開始學習靈活運用雙手和手指的時期，漸漸的可以做出用手抓握，或捏、壓扁食物的動作，藉此來確認食物的形狀和觸感，這些都是寶寶成長必經過程，雖然常把食物掉滿地或弄髒衣服，但還是請爸媽要多些耐心，給寶寶自由探索的機會。在進入這個時期，寶寶的吸力也會變得更為強勁，所以可以協助他們試著用有吸管的杯子喝水。

幫寶寶建立起用餐時的儀式感

　　在這個時期的寶寶，因為飽食中樞尚未建立完成，所以常會對食物表現出好奇心、很想吃一口的情況。所以爸媽要幫寶寶建立起用餐和用餐以外的時間觀念。在開始用餐前，可以幫寶寶圍上圍兜，並跟寶寶說一聲：「吃飯囉」，結束時可以說：「吃得真飽」，用準確的儀式感，來培養寶寶的飽食感。

　　如果不是用餐時間，就儘量讓寶寶把注意力分散到「吃東西」以外的事情上，可以玩玩具或者帶他外出散散步等等。

寶寶習慣吃副食品後，1 天約喝 2 次奶

　　雖然此時期的寶寶食量增加，而且超過一半的營養是來自副食品，但還是得靠喝奶來補充營養。剛開始 1 天吃 3 餐副食品時，一樣是寶寶想喝多少母乳或配方奶都可以，接著再慢慢調整成 1 天喝 2 次。這階段的寶寶差異性很大，有的愛喝奶，很難增加副食品的量，但有的卻適應得很好，完全沒有阻礙。如果是前者，爸媽可以試著減少每天讓寶寶喝奶的次數，或是白天帶寶寶外出，等肚子餓了，再試著餵副食品。

Unit 3

將湯匙往前伸到舌頭前方
讓寶寶練習張口

在訓練寶寶吃飯，可以示範張口「啊！」
同時也可以讓他多多觀察爸媽吃東西的樣子，
讓寶寶有模仿的機會。

在訓練寶寶吃飯，可以示範張口「啊！」，讓寶寶也能跟著張口，同時也把湯匙往前伸到舌頭前方，而不要直接把食物送進寶寶口腔後端，因為這樣寶寶會沒辦法練習用牙齦咀嚼。還有爸媽要耐心等待寶寶咀嚼，並確認吞下去後，才餵下一口，如果寶寶想要伸手抓，就可以順勢給他湯匙或叉子，這個時期的寶寶還無法自己吃東西所以需要大人從旁協助，同時也可以讓他多多觀察爸媽吃東西的樣子，讓寶寶有模仿的機會。

重要的是，當爸媽發現寶寶開始用手抓取食物，就可以開始讓他們練習自己吃。方法就是讓寶寶單獨坐在椅子上或兒童餐椅裡，在椅背墊入一條毛巾來支撐，以免出現歪斜或往後仰倒的情況，為了方便讓寶寶伸手就能拿到食物，也要調整好餐桌和椅子間的距離。

拿捏好適合的分量和餵食的時間

這個時期的寶寶已經進入了 1 天 3 餐的階段，所以要好好調整規律的生活作息，儘量讓寶寶和爸媽在一樣的時間用餐，且每餐分量以 80-90 克的 5 倍粥為參考標準。但因為每個寶寶的發育快慢不同，所以要視實際狀況做調整。此外，隨著月齡增加，寶寶也開始對某些味道出現偏好，導致進食狀況可能受到阻礙，所以建議讓寶寶多嘗試不同的味道或口感。

當孩子適應 1 天 3 餐的規律，並可以確實用牙齦咀嚼香蕉般硬度的食材再吞嚥，這個階段的任務就圓滿達成了。這個時期的副食品，可以試著從大人的料理中分取一部分，再切小或捏碎成寶寶好入口的狀態，這樣一來不但同樣能攝取到營養，準備過程也會輕鬆許多。

輕咀慢嚼期的餵食技巧

　　此階段寶寶可能已經長出 4 顆 -8 顆牙齒，舌頭會前後上下活動，也會左右活動，主要還是靠牙齦咀嚼食物。此時期可提供切碎 0.5 公分大小食物，煮熟後如香蕉般的軟硬度，能用牙齦能咬碎。若寶寶接受度不高，再視情況調整食物型態，練習咀嚼可鍛鍊寶寶口腔肌肉，有助於說話比較早也比較清晰。如果寶寶已經長牙齒，可以給予吐司或饅頭等食物，方便手拿的大小，也能做為固齒食物。

　　進入這個階段，可讓寶寶吃飯時間和次數更為規律，培養和家人一起用餐的方式，慢慢吃桌上的食物（如果是太硬食物需要剪碎），和家人同桌吃飯，讓寶寶更有動力去嘗試不同種類和不同口感的食物，比較不會出現偏食問題。

第 9-10 個月，
35~40% 母乳或配方奶 +60-65% 副食品

　　9 個月大寶寶可以將副食品切成 0.5 公分大小，讓寶寶嘗試軟質食物，有助於適應大人食物，此時期，每天全穀根莖類 3 份，蛋白質 1 份嘗試軟質食物時，寶寶最好陪伴進食，避免寶寶噎到，才能及時給予幫助。

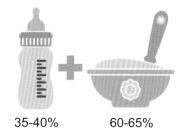

35-40%　　　60-65%

第 11 個月，
30% 母乳或配方奶 +70% 副食品

　　11 個月大寶寶開始表現對食物的好惡，有時候寶寶不喜歡吃的食物，爸媽給予過多壓力，更容易造成寶寶討厭吃飯這件事，隨著慢慢嘗試，孩子會慢慢接受的。如果爸媽有時間準備早餐，可以幫寶寶準備全穀根莖類 1 份，每天增加蔬菜和水果至 3 湯匙，可讓寶寶營養更均衡。

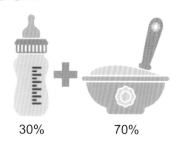

30%　　　70%

Unit 4

9-11 個月寶寶的
每日飲食建議

營養來源從母奶或牛奶轉為副食品為主，
因此各類食物一天需要吃多少的量，該切成多大多小，
可以參考衛生署的一日建議量。

	衛生署一日建議量	食材顆粒大小	食物型態（牙齦可咬碎）
母奶 / 嬰兒配方奶	以母奶為主		
全穀根莖類	3 份	9 個月 5 倍粥 10 個月 4 倍粥 11 個月 3 倍軟飯	稠稀飯
豆魚肉蛋類	1 份	切碎 0.2-0.5 公分	切碎
蔬菜類	2-3 湯匙	切碎 0.5-0.7 公分	切碎
水果類	2-3 湯匙	切碎 0.5-0.7 公分	切碎 - 軟質

9-10 個月寶寶的每日飲食建議

| 6:00 | 母奶或配方奶 200-250ml |

| 8:00 | 果泥 3 湯匙 |

| 11:00 | 全穀雜糧類 1.5 份（稀飯 7 分滿）+
菜泥 1 湯匙 + 豆魚蛋肉類 0.5 份 |

| 15:00 | 母奶或配方奶 200-250ml |

| 18:00 | 全穀雜糧類 1.5 份（稀飯 7 分滿）+
菜泥 1 湯匙 + 豆魚蛋肉類 0.5 份 |

| 21:00 | 母奶或配方奶 200-250ml |

11 個月寶寶的每日飲食建議

| 6:00 | 母奶或配方奶 200-250ml |

| 8:00 | 果泥 3 湯匙 |

| 11:00 | 全穀雜糧類 1.5 份（軟飯 6 分滿）+ 菜泥 1.5 湯匙 +
豆魚蛋肉類 0.5 份（蛋黃一顆或碎肉 1 湯匙） |

| 15:00 | 母奶或配方奶 200-250ml |

| 18:00 | 全穀雜糧類 1.5 份（軟飯 6 分滿）+ 菜泥 1.5 湯匙 +
豆魚蛋肉類 0.5 份（蛋黃一顆或碎肉 1 湯匙） |

| 21:00 | 母奶或配方奶 200-250ml |

增加可以用手抓的料理！

9-11 個月寶寶的主食菜單

這個時期要讓寶寶均衡地攝取
包括蛋白質、碳水化合物、維生素、脂肪、礦物質等五大營養素非常重要！
比如雞肉、白色魚肉、牛肉等富含蛋白質的食物，
至少每天要給予 2-3 次，且每餐都應包含兩種以上的營養素。

鮮蝦烏龍麵

材料		
烏龍麵	150 公克
香菇	10 公克
美生菜	50 公克
紅蘿蔔	10 公克
蝦子	3 尾
鮮蔬高湯	200cc

【作法請見 P61】

作法

1. 烏龍麵煮熟後撈出備用。

2. 香菇、紅蘿蔔皆洗淨，切成細條狀備用。

3. 美生菜洗淨後，切成絲狀；蝦子去殼，從背部劃一刀，去除腸泥。

4. 鍋中放入高湯煮滾，加入所有材料煮熟，即可撈出，放入碗中。

營養師的小叮嚀

1. 將烏龍麵剪成短一點再餵給寶寶吃，會更方便入口。
2. 這裡所使用的是預先準備好的蔬菜高湯，也可以用一般清水取代。

蓮藕蓮子魚粥

材料
白米	40 公克
蓮藕	30 公克
蓮子	5 公克
紅蘿蔔	5 公克
鯛魚片	30 公克
地瓜葉	30 公克
雞肉高湯	150cc

【作法請見 P61】

作法

1. 白米洗淨；蓮藕去皮洗淨切成厚片，再在細切 0.5 公分的小丁。

2. 地瓜葉和紅蘿蔔洗淨切碎。

3. 除地瓜葉外，把所有材料放入電鍋煮熟，等開關跳起，放入地瓜葉拌勻即可。

營養師的小叮嚀
這裡所使用的是預先準備好的雞肉高湯，也可以用一般清水取代。

塔香茄子粥

材料
白米	50 公克
茄子	30 公克
豬細絞肉	30 公克
九層塔	5 公克
玉米粒	15 公克
豬骨高湯	150cc

【作法請見 P60】

作法

1. 白米洗淨；茄子去頭、洗淨切成小丁備用。

2. 豬細絞肉放入鍋中炒至變白色。

3. 鍋中放入所有材料，再移入電鍋，外鍋加一杯水，按下開關煮熟即可。

營養師的小叮嚀
這道料理，其實可以用爸媽要吃的塔香茄子來製作，只要在調味前，把寶寶要吃的量取出，再加入玉米粒、豬骨高湯、白米煮成粥即可。

腰果雞丁粥

材料

腰果	10 公克
紅蘿蔔	10 公克
小黃瓜	20 公克
去骨雞肉	30 公克
白米	50 公克
蔥	5 公克
雞肉高湯	180cc

【作法請見 P61】

作法

1. 腰果用研磨鉢磨成粉備用。
2. 紅蘿蔔去皮,小黃瓜洗淨, 與去骨雞肉、洗淨的蔥均切 0.5 公分小丁備用。
3. 炒鍋加入雞肉和紅蘿蔔丁翻 炒至變色。
4. 加入洗淨的米、腰果、雞肉 高湯,以小火燜煮到熟軟, 再加入小黃瓜一拌勻即完成。

營養師的小叮嚀

1. 這裡所使用的是預先準備好的雞肉高湯,也 可以用一般清水取代。
2. 腰果這類堅果較硬的食物,三歲以下的孩子 要避免整顆餵食,避免噎食。

菠菜豬肝粥

材料

白米	50 公克
菠菜	30 公克
豬肝片	30 公克
薑片、紫洋蔥末、玉米粒末	
	各 10 公克
豬骨高湯	180cc
	【作法請見 P60】

作法

1. 去除豬肝片裡白色筋膜,切成丁洗淨,泡薑片半小時。

2. 豬肝及薑片洗淨,水滾後放入薑片及豬肝,等豬肝完全燙熟後取出,切成小丁。

3. 放入洗淨的菠菜燙熟,取出、切末。

4. 白米洗淨,放入電鍋後加入豬骨高湯,放入紫洋蔥末、玉米粒末煮成粥,再加入豬肝、菠菜拌勻即完成。

營養師的小叮嚀

1. 這裡所使用的是預先準備好的豬骨高湯,也可以用一般清水取代。

2. 動物性肝臟含有多種豐富的營養成分,除了高蛋白質外,尤其富含維生素 B 群、維生素 A 及鐵質、鋅等營養。菸鹼素與維生素 B_{12},可以維持神經系統正常運作。維生素 B 群參與許多營養素之代謝。富含的維生素 A,有助於維持呼吸道黏膜、上皮細胞膜、視網膜健康。

芋頭米粉湯

<table>
<tr><td rowspan="8">材料</td><td>芋頭</td><td>30 公克</td></tr>
<tr><td>米粉</td><td>50 公克</td></tr>
<tr><td>香菇末</td><td>20 公克</td></tr>
<tr><td>芹菜末</td><td>10 公克</td></tr>
<tr><td>蝦米末</td><td>5 公克</td></tr>
<tr><td>細豬絞肉</td><td>30 公克</td></tr>
<tr><td>豬骨高湯</td><td>100cc</td></tr>
<tr><td colspan="2">【作法請見 P60】</td></tr>
</table>

作法

1. 芋頭去皮、蒸熟切 0.5 公分小丁備用。

2. 米粉加入滾水後煮軟，撈起備用。

3. 細豬絞肉放入鍋中炒至變白色，再加入香菇末、蝦米拌炒香。

4. 加入豬骨高湯煮滾，再加入芋頭、芹菜和米粉煮滾即可熄火撈出。

營養師的小叮嚀
這裡所使用的是預先準備好的豬骨高湯，也可以用一般清水取代。

法式吐司

材料		
吐司		2 片
雞蛋		1 顆
母奶或配方奶		10cc

作法

1. 吐司對切成 4 個小方形。
2. 雞蛋打散和母奶或配方奶拌勻備用。
3. 將吐司均勻沾滿蛋汁後放入平底鍋中，煎成金黃色即可取出。

玉子丼

材料		
蛋		1 顆
水		180cc
白米		60 公克
橄欖油		適量
洋蔥絲		30 公克
高湯〈或母奶或配方奶〉		30cc

作法

1. 將白米加 180cc 的水煮成白粥，裝入碗中。
2. 熱鍋後，倒入橄欖油，再放入洋蔥炒至透明狀，倒入高湯煮滾，打入雞蛋，用筷子攪拌到蛋液完全熟透，再倒在白粥上即完成。

營養師的小叮嚀

這裡所使用的是白米，但如果家中有剩飯，也可以用來煮成 5 倍粥。

番茄肉醬筆管麵

材料

筆管麵	50 公克
洋蔥末	10 公克
蒜頭末	1 瓣
番茄末	30 公克
牛絞肉	35 公克
配方奶或母奶	50cc

作法

1. 筆管麵用滾水煮熟撈起，一一對半剪開。

2. 鍋中放入適量的油燒熱，放入洋蔥末、蒜末炒至洋蔥呈現透明狀，加入番茄和牛絞肉一起拌炒熟，加入配方奶或母奶煮至黏稠狀，最後加入煮好的筆管麵一起拌勻即完成。

蛤蜊絲瓜麵線

材料

麵線	60 公克
帶殼蛤蜊	2 顆
絲瓜薄片	45 公克
薑末	5 公克
橄欖油	適量

作法

1. 麵線放入滾水中汆燙至熟，撈起瀝乾水分備用。

2. 帶殼蛤蜊加鹽水吐沙備用。

3. 鍋中放入橄欖油燒熱，放入薑末爆香，再加入絲瓜和蛤蜊拌炒至半熟，加入蓋過食材的清水，把所有食材煮熟，加入麵線拌勻即可。

營養師的小叮嚀
一般麵線都含有鹽巴，所以給寶寶吃要先燙熟，或者也可以直接買無鹽寶寶麵線。

Unit 6

嘗試更多種蔬菜！

9-11 個月寶寶的配菜菜單

這個時期容易缺乏造血的鐵質，
建議在副食品中多添加菠菜、肝這類含鐵量豐富的食材。
如果烹調時煮得夠軟，比如用手指稍微用力就可壓碎的話，
食材可以稍微切得大一些，等到此時期的後半階段，
寶寶自己會用手抓食，就可以把食材切成棒狀，方便他們抓著吃。

鮭魚馬鈴薯沙拉

材料		
	馬鈴薯	90 公克
	鮭魚	10 公克
	雞蛋	半顆
	母奶 / 配方奶	10cc

作法

1. 馬鈴薯去皮、切小丁，與鮭魚和整顆雞蛋放入一碗水用電鍋蒸熟。

2. 蒸熟的雞蛋剝殼，蛋白切小丁備用。

3. 蛋黃、馬鈴薯和鮭魚用湯匙壓成泥狀後加入蛋白、配方奶或母奶拌勻即可。

營養師的小叮嚀

這個時期開始，寶寶已經吃豬肉、牛肉、青背魚及全蛋等食材，雖然可使用鹽或油等這類調味料，但還是要以清淡為宜，因此鹽和油都必須控制在少量的範圍。

魩仔魚拌豆腐

材料

紅蘿蔔	40 公克
魩仔魚	10 公克
中華豆腐	100 公克

作法

1. 將紅蘿蔔洗淨切丁，與豆腐、魩仔魚一起放入電鍋，按下開關，蒸熟後取出。
2. 將蒸熟的食材一起壓碎拌勻即完成。

清蒸鱈魚

材料

鱈魚	40 公克
蔥花	5 公克
薑末	5 公克
蒜末	5 公克
醬油	適量

作法

1. 鱈魚洗淨放入盤中，醬油淋在鱈魚上，放入蔥花、薑末、蒜末。
2. 電鍋外鍋放入 1 杯水，按下開關，蒸熟取出，將魚刺去除乾淨即可。

鮮蚵炒絲瓜

材料
絲瓜	50 公克
蚵仔	30 公克
薑末	5 公克
油	適量

作法
1. 絲瓜去皮、洗淨，切成小塊備用。
2. 蚵仔一顆一顆用手清洗，用手觸摸才能將碎殼清除，再以流水清洗乾淨。
3. 熱鍋後加入適量的油燒熱，放入薑末煸炒至金黃，再加入絲瓜拌炒快熟的時候加入鮮蚵煮至熟透即可取出。

營養師的小叮嚀
薑用油煸香，可把薑的香氣和辣度煸出來，寶寶吃起來才不會辣。

洋蔥燉牛肉

材料
牛肉絲	40 公克
洋蔥末	20 公克
紅蘿蔔塊	20 公克
白蘿蔔塊	20 公克
蒜頭末	5 公克

作法
1. 鍋中放入 1/2 小匙的油燒熱，放入蒜頭末炒香，加入洋蔥、紅蘿蔔和白蘿蔔一起炒至香味逸出。
2. 加入牛肉絲一起拌炒，再加入適量的水蓋過食材，蓋上鍋蓋燜煮到所有食材都軟爛即完成。

蘿蔔排骨湯

材料	軟骨肉	30 公克
	白蘿蔔塊丁	20 公克
	紅蘿蔔塊	10 公克
	金針菇切碎	10 公克
	豬骨高湯	150cc
		【作法請見 P60】

作法

1. 軟骨肉放入滾水中汆燙去除血水。

2. 把軟骨、蘿蔔、金針菇放入電鍋內鍋中,並加入豬骨高湯,外鍋加入 1 杯水,按下開關,煮熟後,挑出軟骨用剪刀剪碎即可。

營養師的小叮嚀

1. 這裡所使用的是預先準備好的豬骨高湯,也可以用一般清水取代。
2. 帶骨的排骨熬湯或煮粥有重金屬溶出疑慮,而且骨頭煮久容易有小小細碎骨頭留在粥裡面,不適合寶寶煮粥,所以以軟骨肉來取代。

黃瓜盅

材料	大黃瓜	50 公克
	紅蘿蔔末	5 公克
	豆腐	10 公克
	豬絞肉	20 公克

作法

1. 大黃瓜洗淨、去皮,切圓段,把中間的籽除清空備用。

2. 把紅蘿蔔末、豆腐和豬絞肉一同攪成肉團。

3. 取適量的肉團放入空心的大黃瓜中,一一填補完成後蒸熟即可。

營養師的小叮嚀

製作黃瓜盅時,可以將餡料的材料多準備一些,餡料拌勻後,先取出寶寶要吃的分量,再加入適量的醬油、胡椒、香油、調味,均分成幾等分後搓圓、壓扁再蒸熟,即可做成爸媽可以享用的獅子頭。

菠菜豬肝末

材料
豬肝片	30 公克
薑片	10 公克
菠菜	30 公克

作法
1. 去除豬肝裡白色筋膜,切薄片洗淨,泡薑片半小時。
2. 豬肝即薑片洗淨,水滾後放入薑片及豬肝,豬肝須完全燙熟後取出。
3. 菠菜洗淨後燙熟,撈出。
4. 將菠菜及豬肝分別切碎末或攪成泥,食用時一起拌勻即完成。

雞蛋豆腐

材料
雞蛋	1 顆
無糖豆漿	80cc

作法
1. 雞蛋打散,加入無糖豆漿攪拌後過篩到無氣孔
2. 將玻璃容器鋪上烘焙紙,倒入過篩後的豆漿蛋汁並蓋上鍋蓋,鍋蓋留一個小縫。
3. 電鍋外鍋放入 1 杯水,按下開關,將煮熟的雞蛋豆腐待冷後脫模即完成。

營養師的小叮嚀
菠菜中含有胡蘿蔔素、葉酸、葉黃素、鈣質、鐵質、維生素 B_1、維生素 B_2、維生素 C 等營養成分及豐富的膳食纖維。買來的菠菜可以用報紙包覆,收在冰箱最底層的蔬果箱中保鮮。

營養師的小叮嚀
1. 豆腐的料理,通常孩子都很喜歡,因為口感綿密軟嫩,一歲前的寶寶就很適合食用!
2. 市售的洗選蛋則由外觀完整及包裝日期來辨別,使用前必須先稍微沖洗蛋殼,以免受到沙門氏菌汙染。

台式番茄肉醬

材料	牛番茄	15 公克
	洋蔥	15 公克
	大蒜	1 瓣
	細豬絞肉	30 公克
	檸檬汁	適量

作法

1. 牛番茄洗淨，去皮後攪成泥狀；洋蔥、大蒜切碎備用。

2. 平底鍋放入細豬絞肉拌炒至豬肉變白色，加入洋蔥和大蒜炒香。

3. 加入番茄泥翻炒到味道融合在一起，最後加入檸檬汁即完成。

青椒烘蛋

材料	青椒	30 公克
	蛋	1 顆
	植物油	適量

作法

1. 青椒洗淨，去蒂及籽，切碎備用。

2. 將蛋打散，加入青椒一起攪拌均勻。

3. 鍋子燒熱，倒入適量的油，再倒入全部青椒蛋液，攪拌煮熟就可取出。

營養師的小叮嚀

青椒有特殊味道，所以可以用烤的，或者加蛋一起煎煮，可以把味道降低。

手指蔬菜

材料	玉米筍	1 根
	紅蘿蔔粗條	1 根
	小黃瓜粗條	1 根
	水	1/2 杯（100cc）

作法

1. 紅蘿蔔去皮、小黃瓜和紅蘿蔔均洗淨，全部切粗條
2. 所有蔬菜洗淨放入電鍋，外鍋放 1/2 杯水蒸熟後取出即完成。

營養師的小叮嚀

小黃瓜含鉀量較大黃瓜多，幼兒的腎臟發育成熟中，富含鉀離子的食物有助人體代謝多餘的鈉、水分、廢物。膳食纖維幫助疏通宿便、排除腸內毒素，避免腸道中有害物質堆積，維持腸道健康。

流沙四季豆

材料	雞蛋	1 顆
	四季豆	30 公克
	鴻喜菇	10 公克
	橄欖油	適量

作法

1. 電鍋鋪沾溼的紙巾，放入雞蛋煮熟，取出、蛋黃壓碎，蛋白切碎備用。
2. 四季豆洗淨去絲，切小丁；鴻喜菇洗淨、切碎備用。
3. 蛋黃先入鍋炒香後，放入鴻喜菇和四季豆丁炒熟，加入蛋白拌炒一下即完成。

鳳梨苦瓜雞湯

材料
新鮮鳳梨	10 公克
苦瓜	20 公克
雞腿肉	30 公克
鴻喜菇	10 公克
薑片	5 公克

作法

1. 苦瓜洗淨後去籽切小丁，新鮮鳳梨切小丁。

2. 雞肉汆燙去血水，切小丁。

3. 將所有食材放入鍋中，以小火燉煮約 20 分即完成。

營養師的小叮嚀

鳳梨苦瓜雞清甜又爽口美味，深受許多人的喜愛，只要將雞肉事先汆燙一下去除血水，就可喝到清爽又不混濁的湯頭。

玉米濃湯

材料
馬鈴薯	100 公克
雞蛋	1 顆
紅蘿蔔	10 公克
洋蔥	20 公克
蘑菇	20 公克
玉米粒	20 公克
水	100cc
橄欖油	適量

作法

1. 馬鈴薯去皮蒸熟，壓碎備用；將雞蛋打散備用。

2. 紅蘿蔔去皮，與洋蔥一起切丁；蘑菇洗淨後切片。

3. 鍋中放入 1/2 小匙的橄欖油燒熱，將紅蘿蔔丁和洋蔥炒軟後加蘑菇拌炒一下，加水、玉米和馬鈴薯泥煮滾加入蛋液煮熟即可。

蘋果百合雞湯

材料

百合	10 公克
蘋果	10 公克
雞肉	30 公克
紅棗	5 公克

作法

1. 將百合一片一片的剝下後洗淨備用；蘋果去皮、切小塊備用。

2. 雞肉切小塊汆燙去血水，撈出後洗淨備用。

3. 將所有食材放入電鍋，外鍋放 1 杯水，開關跳起即完成。

營養師的小叮嚀

蘋果含有豐富的維生素及水溶性纖維，及具有抗氧化力的多酚類。買來後以塑膠袋盛 裝放入冰箱冷藏，以免脫水影響口感。

銀耳蓮子湯

材料	新鮮白木耳（銀耳）	20 公克
	蓮子	10 公克
	紅棗	10 公克
	冰糖	適量

作法

1. 白木耳洗淨、切碎；蓮子洗淨，用牙籤去芯備用。

2. 將白木耳、蓮子一起放入電鍋內鍋，加水蓋過白木耳，外鍋 1 杯水，蓮子鬆軟後加入冰糖調甜度即完成。

營養師的小叮嚀

銀耳的膳食纖維、多醣體豐富。且含較多的可溶性纖維，可增加糞便的體積和柔軟度。所含的植物性膠質具有很強的吸附能力，幫助疏通宿便、排除腸內毒素，避免腸道中有害物質堆積。

栗子水果糕

材料	栗子	2 個
	草莓	20 公克
	香蕉	20 公克
	鳳梨	20 公克

作法

1. 栗子洗淨、蒸熟壓成泥備用。

2. 香蕉、鳳梨洗淨去皮，與洗淨草莓均切成小丁。

3. 切好水果丁與栗子泥拌勻即可。

新手爸媽最困擾的問題 Q&A

這個時期的寶寶可以喝果汁嗎？
哪些食物容易讓寶寶噎到，一定要特別注意？
家有 9-11 個月的寶寶，爸媽最想知道的答案都在這裡。

Q1. 寶寶都不吃固體食物怎麼辦？

A. 每個寶寶發育不同，如果寶寶能夠坐著吃飯，或者吸吮反射消失，接受固體食物的機率會比較高，所以還是要觀察寶寶的發育狀況，給予循序漸進的練習機會，就能順利轉換成固體食物。寶寶在 2 歲前能接受完全固體的食物，都算是正常飲食進程。

如果因為寶寶拒絕吃固體食物，爸媽就放棄而繼續給寶寶喝牛奶，如此在無形中會減少寶寶接受其他食物的機會。

Q2. 寶寶副食品可以進行調味嗎？

A. 寶寶的母奶或配方奶都有含鈉，當然天然食物也有含鈉，1 歲以前只要寶寶吃得下喝得下，其實不需要特別調味的。寶寶 6 個月後腎功能會慢慢趨近大人的功能，腎臟功能應該可以排出攝取過多的鈉，滿周歲前的寶寶減少調味料使用，可以減少寶寶腎臟負擔，如果長時間鈉攝取量都超過建議量，可能會有慢性疾病風險。如果想要讓寶寶跟大人一起吃飯，可多選擇烹調清淡的食物，不要添加糖、味精，或是額外的沾料，1 歲後的寶寶也是要避免太多調味料烹煮食物。

Q3 · 寶寶可以喝果汁嗎？

A. 很多爸媽知道水果對寶寶的重要，還沒接觸固體食物之前會先給果汁，果汁可能會使寶寶排斥喝母奶、配方奶或降低吃副食品的食欲，容易導致蛋白質、維生素、礦物質攝取減少，容易出現營養不良及貧血，影響寶寶發育。所以美國兒科學會最新建議，1歲以下寶寶禁止喝果汁，建議先讓寶寶嘗試果泥。之所以不建議給果汁，是因為果汁含的糖分長時間停留在口腔內，特別是用奶瓶或吸管喝，增加寶寶蛀牙發生，攝取過多的糖也可能導致兒童肥胖。

市售果汁大多含有大量的果糖，沒有營養價值，標榜百分之百純果汁，也要看清食品標示的營養成分確定有沒有甜化劑、調味劑等添加物再購買。平時要培養寶寶主動吃新鮮水果的習慣，水果富含纖維質，打成果汁會破壞纖維質，所以吃水果比喝果汁來的健康喔。

美國兒科學會飲用果汁指南

1歲以下不建議果汁，以果泥代替

1-3歲 118cc 4盎司

4-6歲 177cc 6盎司

7歲 -18歲 236cc 8盎司

Q4 · 什麼食物容易讓寶寶噎到？

A. 寶寶等到3歲之後才能完全學會吞固體食物，所以食物太大、太硬或纖維太粗容易讓寶寶噎到，如：果凍、軟糖、堅果、葡萄、小番茄、湯圓、麻糬等。如果是葡萄、小番茄、荔枝或龍眼整顆去籽，要切1/4瓣比較不容易噎到。像開心果、花生、核桃等堅果類食物，對寶寶來說太硬又不好咬，容易直接吞食有噎到的風險，建議可壓碎、磨粉再給寶寶吃。

果凍、軟糖表面滑溜，容易未經咀嚼就滑到寶寶食道，造成窒息，這類含糖食物較多色素，不建議給寶寶吃。湯圓、麻糬黏度高的食物，咬不爛也容易卡在喉嚨，建議避免給寶寶吃。當寶寶學習吃固體副食品時，家人要在旁邊陪伴，不能單獨讓寶寶一個人，若有出現噎到、呼吸雜音，窒息的情形，要立刻給予協助。

若呼吸道未阻塞，鼓勵寶寶咳嗽將異物咳出，不要拍背。如果已經無法咳嗽，呼吸道阻塞，要請家人立刻尋求醫療人員處理，有看到寶寶喉嚨卡東西，先將異物取出來，立刻實施哈姆立克法。

Q5. 寶寶喜歡吃副食品，開始厭奶怎麼辦？

A. 有些寶寶開始吃副食品後，就愛上副食品，喝奶量驟減，可慢慢增加副食品分量，也可提早培養一天三餐的習慣，可以增加 1 餐副食品來替代喝奶。如果完全不喝奶，不可因為厭奶就完全被副食品取代，可試著改變用碗、湯匙餵食，或使用學習杯，或者把母奶或配方奶加入副食品一起烹調，像布丁、木瓜牛奶等。寶寶如果沒有異常現象發生，或者出現不舒服，爸媽可不必太過於擔憂。

Q6. 為什麼 1 歲以下的寶寶不能喝鮮奶？

A. 鮮奶富含礦物質和蛋白質，所含的蛋白質是大分子酪蛋白，對腸胃功能發育未完的寶寶，無法好好分解和吸收，增加寶寶腎臟代謝的負擔，所以寶寶 1 歲以下還是喝母奶或配方奶比較好。

Q7. 為什麼 1 歲以下的寶寶不能喝蜂蜜？

A. 1 歲以下寶寶不能吃蜂蜜，是因為未經過消毒殺菌的過程，蜂蜜含有肉毒桿菌孢子（Clostridium botulinum spores），寶寶面免疫及腸道功能發育未完全，可在腸道內生存，並分泌肉毒桿菌素（Botulinum toxin），這種神經毒素會造成肉毒桿菌中毒（Infant botulism），症狀有神經肌肉麻痺，嚴重甚至會導致死亡。

Q8. 寶寶不喜歡吃蔬菜，可以水果取代嗎？

A. 許多爸媽覺得寶寶不吃蔬菜沒關係，可以改吃水果。蔬菜含有豐富纖維質、維生素和礦物質，有預防慢性病效果，且蔬菜甜度低熱量低。如果以水果取代蔬菜，會有礦物質攝取不足，且水果含有較高果糖，攝取過多水果就會攝取過多的果糖，長期累積下來有造成肥胖及慢性病風險。不管是寶寶還是爸爸媽媽都不建議用水果取代蔬菜，從小培養每天吃蔬菜和水果習慣。

Q9· 寶寶愛挑食，該怎麼辦？

A. 或許身為爸媽的你也察覺到了，寶寶對食物的喜好很兩極，如果您家中的寶寶也是這樣，一定要想辦法幫他調整過來。這是因為如果小時候對食物喜好的反應兩極化，將來長大了也多少會有偏食的傾向，所以，記住主食(熱量來源)、蛋白質、蔬果這三大族群，要努力變換出不同菜色，讓寶寶攝取均衡飲食。

假如不愛吃肉的孩子，只要換成魚也無妨；不喜歡吃米飯，只要肯吃麵食，這樣在營養方面就不會有問題了。如果只吃主食而完全無視蛋白質和蔬菜類時，不妨和喜歡吃的東西做搭配，在調理方法或是調味上作些巧思變化。

許多寶寶可能會這個星期吃某些食物，接下來卻換別的東西吃，我們無法確定寶寶是不是想藉由這樣的行為來吸引爸媽的注意，所以可以試著給他各種食物，不過，不要強迫他吃不想吃的東西，在用餐時也要維持氣氛愉悅，避免強迫餵食，以免寶寶對該食物反感。耐著性子，然後不管他吃什麼，記得都要好好誇獎，情況應該可以改善。

在 4~6 個月添加副食品時，給寶寶的食物種類愈多，將來寶寶對於各種風味的食物接受度也愈高，長大後也比較不會偏食。有些人天生就能接受甜和鹹味，其他酸、苦、辣等口味則是由後天學習的喜好，大多人天生都喜歡甜味，所以不要太早給寶寶果汁或甜食，以免養成愛吃甜食的習慣，容易蛀牙及肥胖。

有些媽媽常常會跟我抱怨，餵寶寶吃飯的時候，寶寶總是不肯乖乖坐著，一餐飯下來，往往弄得筋疲力盡。其實，訓練寶寶乖乖吃飯並不難，在這裡可以告訴妳一個小方法，妳可以給寶寶一條餐巾、整副餐具和真的盤子(不是免洗那種)，然後盡量將餐點設計的簡單些。

因為寶寶的專注力以及能好好坐著的時間都不及成人，所以要儘量縮短用餐時間。另外，當寶寶乖乖吃飯時，一定要馬上誇獎，反而要忽略不乖的時候。還有，跟寶寶一起吃飯時，要隨時注意自己的用餐禮貌，像是嘴裡有東西時不要說話，不要把兩隻手肘橫擱在餐桌上，也不要吃到一半就離席，如果能夠照這樣訓練寶寶，一段時間之後，寶寶就會養成用餐的良好習慣了。

Chapter4
大口咬嚼期〈1 歲 -1 歲 6 個月〉
的餵食技巧和菜單

Unit 1　培養飲食的興趣和樂趣，順利完成斷奶期！

1 歲 -1 歲 6 個月個月寶寶的副食品餵食技巧

如果寶寶已經可以用牙齦咬嚼食物，
就可以開始嘗試與大人相近的食物狀態。
要特別注意的是，這個時期的寶寶容易出現「偏食」的情況！

　　所謂的大口咬嚼期，是寶寶可以用牙齦確實咀嚼固狀食物的階段。

　　這個時期的寶寶不論是三餐，還是睡眠的時間，大多都已固定下來了，生活作息也越來越規律，如果寶寶已經可以用牙齦咬嚼食物，就可以開始嘗試與大人相近的食物狀態。寶寶在這個時期，會開始想要自己拿湯匙或叉子，也經常用手去抓食物吃，藉由觸摸就能讓寶寶認識食材的形狀與硬度，在一邊用手抓食物吃的同時，也正學習著要如何把食物送進嘴裡，所以難免吃得到處都是，不妨事先在餐桌下鋪上防髒之類的塑膠墊，就能減少之後整理的麻煩。

　　從這個時期開始，將副食品製作成方便寶寶進食的形狀，滿足寶寶想開始自己用湯匙及叉子，或者直接用手抓食物來吃的慾望，同時，爸媽也可給予適當的協助，讓寶寶有機會練習使用湯匙和叉子。

　　這個時期，寶寶容易出現「偏食」的情況，例如只吃特定的食物，或者有可能一下吃很多，一下又什麼都不吃，進食的分量難以掌握。但爸媽其實不用太擔心，這些是寶寶成長的必經之路。寶寶會因為環境、身體狀況或心理變化等等因素而影響到食欲。如果遇到這種情形，爸媽可以設法讓寶寶產生空腹感、試著讓孩子幫忙洗蔬菜，藉此讓他們對蔬菜產生興致，或者在調味或烹調上多做變化，多觀察寶寶的反應，找出最合適的方法吧！

製作此時期的副食品調味要以輕淡為主

雖然進入此時期的寶寶可以吃的食材變多了，也可以和爸媽吃一樣的菜色，但因為寶寶的腎功能還尚未發育成熟，所以在製作時的調味並不能依照大人的口味，而必須力求清淡為主，以免造成腎臟負擔。

所以，這個時期的調味目的，只是讓寶寶體驗不同的味道，基本上還是要和之前一樣，運用高湯或是食材的原味為主，調味料的使用量要少。

·調味更清淡

而此階段可以使用的烹調方式，可以運用煎、炒等方式來製作，用少量的油脂來帶出食物的美味。

大口咬嚼期喝奶的比例要如何拿捏

寶寶到此時期，開始學習如何使用門牙咬斷食物，且寶寶的舌頭已經可以上下左右自由移動，也可以毫無阻礙地用舌頭處理送進嘴裡的食物。寶寶嘴巴越來越能精準活動，輕易完成將食物送進嘴裡、咀嚼等基本動作。

此外，因為可以吃到的食材和份量都增加了，所以 1 天吃 3 次副食品和1-2 次的點心，已足以攝取到大部分的營養。在製作寶寶的點心時，也可以選擇飲品的型態來取代原本的母乳或配方奶。所以如果寶寶不想喝奶也沒關係，若在睡前或半夜，奶量可以酌量減少。此外，寶寶這時如果仍然使用奶瓶，務必換成杯子。

在寶寶的上下門牙都長齊後，會開始練習用門牙咬住較大塊的食物，有些寶寶甚至慢慢長出裡面的牙齒，能用後面的牙齒咀嚼食物。剛開始寶寶無法完全掌握一口的份量，常常不小心一次塞太多食物到嘴裡。所以爸媽可以先做 2-3 個較小的飯糰，讓寶寶能自行練習。

大口咬嚼期的餵食方法

在慢慢自己練習吃飯的過程中，寶寶會積極地伸手抓食物，想要用抓握的方式來進食，這也是寶寶學會自己用湯匙或筷子吃飯前的重要練習，在這個過程中，爸媽可以協助他用湯匙把食物送進嘴裡，或是用叉子幫寶寶叉取食物，然後讓他自己拿著吃。如果只是把食物放在寶寶面前，他可能會抓取太多塞入嘴巴，然後就全部吐出來。所以剛開始，先在盤子裡放少量可用手抓握的份量，再觀察寶寶進食狀況，慢慢增加。

如果要訓練寶寶用杯子喝飲料，可以將其倒入杯中大約 1/3 的高度，再讓寶寶自己拿著杯子，爸媽可以在一旁用手扶著，並且慢慢幫忙傾斜杯口，幫助他學習喝水，等他適應後，就可以試著讓他自己拿著杯子喝。

另外，讓寶寶維持靠近餐桌的坐姿，是為了方便寶寶能自行進食，並且讓他坐在兒童餐椅裡，拉近與餐桌的距離。椅子的高度大約是寶寶在手放下時，手掌能碰到桌面的位置。

以「肉丸」的硬度為參考標準

基本上以「肉丸」的硬度為參考標準。在這個時期的寶寶，幾乎什麼食材都可以吃，但還是要避免鹽分含量高、具有刺激性的食物。除此之外，也不要吃過硬或膳食纖維太高食材。而食物的硬度，差不多處理成「肉丸」這樣的程度即可。

・硬度以肉丸為準

雖然可以開始從大人的飲食中分取來吃。但切記在口味上還是要以清淡為宜，調味只是為了讓寶寶淺嚐味道，不能過量。所以如果要和大人吃同樣食物，在調味上就要清淡單一，或者給寶寶食用前先把過重的味道稀釋。

在點心的選擇上，建議選含有高碳水化合物的食物，也能幫寶寶補充活動所需的熱量。如若是市售食品，要選購嬰兒專用的食品為佳。

讓寶寶多嘗試各種食材，可直接從大人的菜中分取

寶寶可以吃的食材增加了，不妨多嘗試不同的食材、烹調方式與些許調味來做出各種變化料理。爸媽可以積極使用新的食材，像是顆粒狀的玉米或者口感滑溜的菇類來增加口感，並且能刺激寶寶對吃產生興趣。

這個階段寶寶的食物，可以直接從大人的料理中分取部分來吃，但因為臼齒還沒有長來，所以在硬度還有大小上，還是要調整成寶寶能適應的程度。此階段可使用少量的油脂來進行，烹調方式也可以多做變化。同時也可以慢慢地嘗試寶寶不曾吃過的食材來製作副食品。

許多媽媽在孩子將滿一歲時，都會把火腿、魚丸這類的加工食品當成寶寶的點心，但其實這是錯誤的，因為這些食品中添加味道，會讓寶寶拒絕再吃副食品，所以絕對禁止讓寶寶吃加工食品。

主食的米飯適合製作成軟米飯

我們常吃的米飯具有人類身體所需的醣類。在購買時要選擇米粒外觀良好者，若外觀變色、粉碎、粉質含量較多，或米粒形狀不均、無光澤、有異味等，均為米質較差或不新鮮的現象，清洗時也要特別注意，白米清洗請勿過度搓揉，而是只要將米中的雜物去除就可以了。米粒中含有部份的維生素和礦物質，過度搓揉將導致營養素流失。

在烹調上，這時期給寶寶吃的米飯，以爸媽吃的米飯口感再稍微軟的米飯型態，口感上比較軟爛，讓寶練習咀嚼。經過了這個時期的訓練，再讓寶寶吃一些較硬的米飯來供給營養。同時將蔬菜或肉煮至和軟米飯一樣的軟硬程度，然後再切成小丁狀，可以把肉類煮熟後切碎製成肉丸，或者把肉撕碎，更方便寶寶進食。

除了讓寶寶開始嘗試各種不同的食物外，如果還是繼續使用蒸或煮的方法來料理食物，會讓寶寶感到厭膩，進而討厭某些食材而養成偏食的習慣。

所以此時應該嘗試使用不同的料理方法，例如用少許的油煎來進行，就可以變化入口的口感。

1 歲左右，25% 母乳或配方奶 +75% 副食品

寶寶開始進入大口咬嚼期，是長牙的關鍵時期，寶寶開始長臼齒，表示可以開始吃固體食物，但是不建議飯裡加湯，這可能讓寶寶咀嚼能力變差，可以讓寶寶吃軟飯，像大人一樣白飯配菜，逐漸熟悉大人的用餐方式。

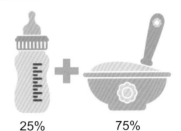

25%　　　　75%

寶寶生長速度開始減慢，表示營養需求減少，只要寶寶發育都在正常範圍內，爸媽不需要太擔心。寶寶玩樂時間可能比吃飯時間長，吃飯時間控制在 30 分鐘內，超過時間若寶寶也表現出不想繼續吃，就可以開始收拾餐桌，假如爸媽用很多方法讓寶寶多吃幾口，這樣寶寶更容易排斥，主要還是要讓用餐氣氛愉快，多誇獎寶寶表現，感受吃飯的樂趣。

進入斷奶完成期前的最後一個月，盡可能餵食副食品，減少母奶或配方奶的分量和次數，一天最多不超過 500 毫升。此階段的副食品以粒粒分明的軟飯，讓寶寶學習咀嚼感。每天全穀雜糧類增加到 4 份，豆魚肉蛋類 1.5 份。

1-3 歲，培養飲食興趣與樂趣，完成斷奶期

此階段已經進入斷奶期，表示正餐要提供大部分身體所需熱量和營養，母乳、配方奶、乳品類當作副食品。和家人同桌吃飯，培養寶寶自主進食，鍛鍊獨立能力，也能養成良好的用餐習慣。此階段寶寶慢慢長大，所需的營養也越來愈多，爸媽更要注意寶寶的飲食均衡。此階段寶寶每天全穀根莖類 1.5-2 碗、蔬菜和水果各 2 份、蛋白質 3 份，也可以開始增加油脂和堅果種子類和乳品類。

硬度、大小 &
可以用的調味料量

這個年紀的寶寶，已經可以吃飯了，
針對六大類的飲食量與食材大小有詳細說明，
爸媽們可以列為參考！

	衛生署一日建議量	食材顆粒大小	食物型態（牙齒可咀嚼）
乳品類	12 個月母奶或配方奶 1-3 歲 2 份		
全穀根莖類	12 個月 4 份（1 碗） 1 歲 -3 歲 1.5-2 碗	2 倍軟飯 - 白飯	軟飯 - 乾飯
豆魚肉蛋類	12 個月 1.5 份 1 歲 -3 歲 3 份	1 公分 -2 公分薄片	軟質
蔬菜類	12 個月 4 湯匙 1 歲 -3 歲 2 份	1 公分	軟質
水果類	12 個月 4 湯匙 1 歲 -3 歲 2 份	1-2 公分塊狀	軟質
油脂與堅果種子類	1 歲以上 4 份	壓碎堅果種子類	壓碎

12 個月寶寶的每日飲食建議

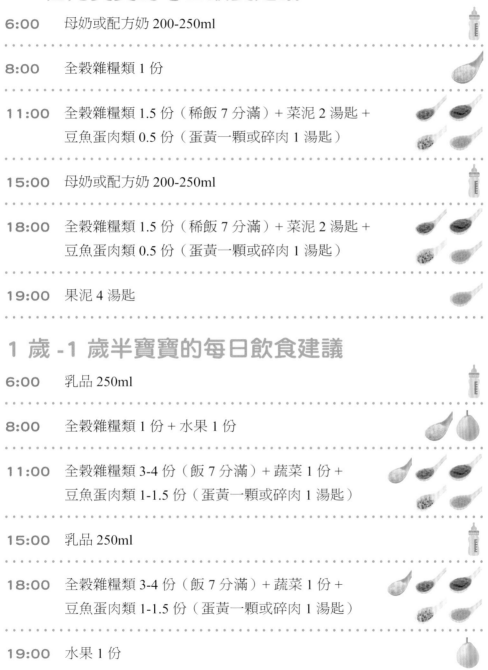

6:00 母奶或配方奶 200-250ml

8:00 全穀雜糧類 1 份

11:00 全穀雜糧類 1.5 份（稀飯 7 分滿）+ 菜泥 2 湯匙 +
豆魚蛋肉類 0.5 份（蛋黃一顆或碎肉 1 湯匙）

15:00 母奶或配方奶 200-250ml

18:00 全穀雜糧類 1.5 份（稀飯 7 分滿）+ 菜泥 2 湯匙 +
豆魚蛋肉類 0.5 份（蛋黃一顆或碎肉 1 湯匙）

19:00 果泥 4 湯匙

1 歲 -1 歲半寶寶的每日飲食建議

6:00 乳品 250ml

8:00 全穀雜糧類 1 份 + 水果 1 份

11:00 全穀雜糧類 3-4 份（飯 7 分滿）+ 蔬菜 1 份 +
豆魚蛋肉類 1-1.5 份（蛋黃一顆或碎肉 1 湯匙）

15:00 乳品 250ml

18:00 全穀雜糧類 3-4 份（飯 7 分滿）+ 蔬菜 1 份 +
豆魚蛋肉類 1-1.5 份（蛋黃一顆或碎肉 1 湯匙）

19:00 水果 1 份

Unit 3

基本上以軟飯或米飯為主！

1 歲 -1 歲 6 個月
寶寶的主食菜單

這個時期的寶寶前齒長齊，後齒也開始長
差不多已經固定一天吃 3 次副食品，
除了要好好補充做為頭腦或身體能源的碳水化合物，
讓排便變得規律，自然就能調整出良好的生活作息。

黃豆飯

材料		
	黃豆	20 公克
	白米	50 公克
	黎麥	5 公克

作法

1. 黃豆洗淨浸泡 1 小時，把水倒掉備用。

2. 白米洗淨加入黃豆、洗淨的黎麥，再放入電鍋內鍋中加適量的水。

3. 外鍋放入 1 杯水，按下開關煮熟即可。

五穀飯

材料		
免浸泡五穀米	25 公克
白米	25 公克
水	50cc

作法

1. 將白米和五穀米洗淨,放入電鍋內鍋中。

2. 外鍋放 2 杯水,按下開關,等開關跳起即完成。

163

鮮蝦焗烤飯

材料

蝦子	3 尾
綠花椰菜	100 公克
蚵仔	20 公克
白飯	120 公克
蛋	1 顆
牛奶	200cc
鹽巴、黑胡椒粉	適量
起司絲	適量

作法

1. 蝦子去殼、去腸泥洗淨後備用；花椰菜洗淨切小塊，與蚵仔一起汆燙後撈出備用。

2. 白飯、蚵仔、全蛋、牛奶均勻攪拌後加入鹽巴及黑胡椒調味。

3. 再加入綠花椰菜和蝦子拌勻，把所有食材放入盅裡，表面鋪上起司絲，放入預熱 180 度的烤箱中，烘烤 25-30 分鐘直到食材熟透即完成。

營養師的小叮嚀

1. 蚵仔富含多種礦物質如鐵、鋅等，也含有維生素 B 群及高生理價值的蛋白質、維生素 E，搭配含有維生素 C 的花椰菜，可同時強化維生素 E 效用與提高鐵質轉化利用率，有助護膚及促進循環。

2. 蚵仔要買帶殼，且肉質柔軟膨脹、黑白分明較新鮮，而去殼的蚵仔，則要先看體型，以肉質肥厚鮮嫩，光滑飽滿，品質較好。聞起來不會有腥臭味，新鮮衛生為首選。外型不要太大顆，否則容易受到重金屬的污染。色澤自然，無偏綠的現象，否則可能含有過量銅。清洗方法：蚵仔浸泡的水質不混濁，鮮度較佳。以清水沖洗約 2-3 次。蚵仔從市場買後，如果能當天烹煮食用是最好的。但如果不是要當日烹煮，要盛於水中放冷藏保存。

材料		
五花肉	40 公克	
高麗菜	70 公克	
紅蘿蔔	15 公克	
香菇	150 公克	
蝦米	10 公克	
水	60cc	
白米	80 公克	
油	5 公克	

作法

1. 五花肉切絲、高麗菜切小塊、紅蘿蔔切絲、香菇切絲、白米洗淨備用

2. 油鍋炒香五花肉絲，待炒出油後，加高麗菜絲、紅蘿蔔絲、香菇絲、蝦米繼續炒出香氣，再把所有食材和水放入電鍋內鍋，外鍋加入一杯水，按下開關，煮熟後攪拌均勻即完成。

地瓜飯

材料
| 地瓜 | 1/4 個（小） |
| 白米 | 60 公克 |

作法
1. 白米洗淨、地瓜洗淨、切滾刀
2. 電鍋外鍋放入 1 杯水，烹煮自動跳起再悶 30 分鐘

營養師的小叮嚀

地瓜富含碳化合物、膽鹼、維生素 A、維生素 B、維生素 C 及鈣、鐵、鉀等礦物質及膳食纖維。買回家的地瓜可放在陰暗、涼爽處，通風良好的地方保存，普通室溫下能保存一個星期。

青江菜拌飯

材料
青江菜	70 公克
蒜頭末	10 公克
紅蘿蔔丁	20 公克
豬絞肉	40 公克
白飯	160 公克
橄欖油	10 公克
鹽巴	適量

作法
1. 青江菜洗淨後切成小段。
2. 橄欖油放入鍋中熱鍋，加蒜頭末和紅蘿蔔丁爆香，加入豬細絞肉炒至變白色。
3. 加入青江菜炒熟，最後加入白飯拌炒均勻，加入鹽巴調味即可。

鮪魚皇帝豆飯

材料	白米	80 公克
	皇帝豆	30 公克
	紅蘿蔔	10 公克
	鮪魚罐	30 公克

作法

1. 白米、皇帝豆洗淨備用；紅蘿蔔去皮、洗淨後切小丁。

2. 杏菜洗淨後切碎備用。

3. 將所有食材放入電鍋中，外鍋一杯水煮熟，按下開關即完成。

營養師的小叮嚀

鮪魚富含有 DHA 及 EPA 的 ω-3 脂肪酸及核酸、鐵質及維生素 B12。搭配含類胡蘿蔔素的紅蘿蔔，有防止動脈硬化的效果。

夏威夷吐司披薩

材料	吐司	1 片
	乳酪絲	適量
	番茄	10 公克
	蝦仁（燙熟）	30 公克
	玉米粒	20 公克
	罐頭鳳梨片	10 公克

作法

1. 吐司先放上番茄片、鳳梨片、玉米粒，再放起司絲，再放上蝦仁，最後再放上一層起司絲。

2. 放入預熱好的烤箱，開上下火烤至起司融化金黃即完成。

栗香野菇炊飯

材料		
紅蘿蔔	40 公克
杏鮑菇	60 公克
豌豆	30 公克
栗子	20 公克
白米	60 公克
雞肉	40 公克
水	70cc

作法

1. 紅蘿蔔、杏鮑菇洗淨切丁
2. 豌豆洗淨去粗絲；栗子洗淨後對半切開；白米洗淨，雞肉切絲。
3. 將紅蘿蔔和雞肉放入鍋中翻炒到雞肉變色，再把所有食材放入電鍋內鍋，外鍋加1杯水，按下開關後煮熟，攪拌均勻即完成。

營養師的小叮嚀

這裡所使用的是豌豆，也可以用荷蘭豆、四季豆、菜豆、醜豆來取代。

毛豆黎麥鮭魚炊飯

材料		
毛豆仁	30 公克	
藜麥	20 公克	
鮭魚	60 公克	
白米	60 公克	
紅蘿蔔丁	30 公克	
洋蔥丁	30 公克	
黃椒	40 公克	
水	130cc	
鹽巴、雞粉 適量		

作法

1. 毛豆事先氽燙、去外皮;藜麥及白米分別洗淨,除了鮭魚外的所有食材均放入電鍋內鍋中。

2. 電鍋外鍋加入 1 杯水,按下開關。

3. 平底鍋中放入鮭魚,兩面煎熟,取出,仔細的去除魚刺,分成小塊,拌入電鍋中,加入鹽巴和雞粉調味即完成。

大口咬嚼期〈1歲-1歲6個月〉的餵食技巧和菜單

雞肉飯

材料

去骨雞胸肉	40 公克
紅蔥頭末、蒜末	各少許
醬油、鹽巴	各少許
植物油	1 小匙
白飯	1 碗

作法

1. 去骨雞胸肉先用鹽巴醃 10 分鐘，放入盤中封上耐熱保鮮膜，再放入鍋內蒸水滾後關小火繼續蒸 10-15 分鐘，關火後不要開鍋蓋，燜 30-40 分鐘。

2. 取出去骨雞胸肉慢慢剝成細絲，盤內的湯汁做醬汁備用。

3. 鍋中放入植物油，再加入紅蔥頭末和蒜末，炒香呈現金黃色取出備用。

4. 放入醬油加蒸雞肉湯汁，煮滾後即可做為雞肉飯醬汁。

5. 白米飯加入雞肉絲、紅蔥頭酥和淋上雞肉絲飯醬汁即完成。

營養師的小叮嚀

1. 如果趕時間的話，可以用叉子順著紋路刮，就可以刮出絲絲雞肉，可以省去不少時間。
2. 雖然也有市售的蔥酥，但自己慢慢煸炒出來的香氣會更為濃郁。

鍋燒海鮮烏龍麵

材料

烏龍麵	1 人份
蝦子	2 尾
中卷	30 公克
蔥末	20 公克
香菇片	20 公克
紅蘿蔔絲	20 公克
高麗菜絲	40 公克
柳松菇	20 公克
蛤蜊或蚵仔	60 公克
蛋	1 顆
油	適量

作法

1. 烏龍麵在滾水煮至 9 分熟，撈出；蝦子去腸泥洗淨、中卷切細長條備用。

2. 將油倒入湯鍋，加入蔥白、香菇、紅蘿蔔炒香，加入蝦子、中卷炒至半熟起鍋撈出備用。

3. 鍋中加水大約 600cc 煮滾，加入高麗菜、柳松菇、蛤蜊煮至沸騰，加入烏龍麵、蝦子、中卷及剩餘材料煮滾後加蔥即完成，食用時仔細去除蝦殼。

營養師的小叮嚀

1. 高麗菜含有豐富的維生素 C、維生素 K 及膳食纖維。
   含有抗潰瘍因子，可消炎、保護胃腸黏膜，所含的維生素 K 有助於血液凝固，增強骨質，且高麗菜亦屬十字花科蔬菜，亦具有抗癌作用。
   剛買回家時，最好擺在室溫通風處2-3天，充分與空氣接觸，讓農藥揮發，不要馬上放進冰箱保存。高麗菜很耐儲存，放在通風處可維持 5 天，放冰箱可延長 10 天以上，放入冰箱時，並以莖部朝下，呈高麗菜生長的方向放置，可延長保存。

2. 蛤蜊富含維生素 B 群，例如菸鹼素與維生素 B_{12}，可以維持神經系統正常運作。維生素 B 群參與許多營養素的代謝。此外，富含鐵質，其吸收效率較植物性來源高，預防與改善貧血。最重要的是蛤蜊含有豐富的牛磺酸，能夠促進脂肪與膽固醇的代謝，能降低血脂肪、強化肝臟解毒功能。

鮭魚薯球

材料

鮭魚肉	30 公克
馬鈴薯	80 公克
紅蘿蔔	15 公克
玉米粒	20 公克
馬鈴薯	去皮洗淨切薄片
紅蘿蔔	切小丁
麵粉	5 公克
蛋黃	半顆

作法

1. 除了麵粉與蛋黃外,將所有食材放入電鍋內電鍋,外鍋放入 1 杯水後蒸熟,取出後用湯匙壓碎均勻攪拌。

2. 加入蛋黃攪拌均勻後,再加入麵粉繼續攪拌,取出適量食材搓成圓形,再放回電鍋續蒸 5 分鐘,即完成。

營養師的小叮嚀

製作這道料理,也可以在搓成圓形之後,將其壓成 1 公分厚的圓片狀,放入平底鍋加入適量油,將薯餅兩面煎成金黃色。

1歲-1歲6個月
寶寶的配菜菜單

這時期的寶寶吞嚥及咀嚼能力也進步許多，
食物料理時不用切得太細碎，
肉類以切薄片或肉絲、小丁狀即可食用，
每一餐的食物搭配要多元而豐富。

芥藍菜炒牛肉

材料

芥藍菜	100公克
牛肉	40公克
橄欖油	10公克

作法

1. 牛肉洗淨、切碎備用。
2. 芥藍菜洗淨汆燙，撈出，切成小段備用。
3. 把碎牛肉用橄欖油翻炒至熟，再加入芥藍菜拌炒均勻即完成。

營養師的小叮嚀

牛肉含有豐富的蛋白質、脂肪及維生素B群及鐵等礦物質。選購時以外觀完整、乾淨，且帶光澤的鮮紅色為高品質的肉品，較常運動的部位則為深紅色，且不能有血水滲出，如有血水滲出，表示組織已經鬆散，口感不好。進口的冷凍牛肉因真空包裝的缺氧狀態下，而呈現自然的深紅或暗紫色。

生鮮的牛肉最好是清水洗淨擦乾後再烹調，若是冷凍牛肉，則放置冷藏庫解凍後，不用清水洗淨可直接烹調使用。

鳳梨木耳炒雞柳

材料
黑木耳	30 公克
鳳梨	30 公克
蘆筍	30 公克
雞柳	30 公克
紅蘿蔔	40 公克
鹽巴、醬油、橄欖油	少許

作法

1. 黑木耳洗淨、切塊或切絲；鳳梨切小片、蘆筍切小段、紅蘿蔔切粗絲；雞柳切絲。

2. 鍋中放入少許的油，放入雞肉、蘆筍、紅蘿蔔一起拌炒後加入醬油、鹽巴，再加入鳳梨和黑木耳拌炒均勻即完成。

香煎土魠魚

材料
新鮮土魠魚	1/2 片
鹽	適量
白胡椒粉	適量

作法

1. 土魠魚洗淨後擦乾，用鹽巴及白胡椒醃 15 分鐘

2. 鍋中放入適量的油燒熱，放入土魠魚後先將一面煎成金黃至熟，翻面後再將另一面煎熟即可取出，將骨刺去除即完成。

香煎檸檬秋刀魚

材料
秋刀魚	1 尾
鹽巴	適量
檸檬	1/4 顆
白芝麻	1/4 小匙

作法

1. 秋刀魚去內臟洗淨，擦乾後抹鹽巴調味。

2. 熱油鍋，放入秋刀魚，以中小火煎至表面呈現金黃色後翻面，待兩面煎至金黃色後起鍋，將檸檬汁擠在秋刀魚上撒上白芝麻即完成。

營養師的小叮嚀

秋刀魚的細骨很多，在給寶寶食用前，爸媽一定要仔細幫忙去除。

蟹肉棒蒸豆腐

材料
蟹管肉	30 公克
雞蛋豆腐	50 公克
醬油	5 公克
香油	5 公克
薑絲、蔥末各	適量

作法

1. 蟹管肉洗淨，雞蛋豆腐切成方塊放入盤中，再加入所有調味料及蔥末、薑絲。

2. 放入電鍋內鍋中，外鍋再放入 1 杯水，按下開關後蒸熟即可取出。

黃瓜炒章魚

材料	章魚、小黃瓜	各 90 公克
	蒜片	10 公克
	鹽、油	各適量

作法

1. 章魚切成小塊，用滾水汆燙後備用；小黃瓜洗淨切圓片狀。

2. 熱油鍋後加入蒜片炒香，再加小黃瓜、章魚一起拌炒均勻，最後加入鹽巴調味即可。

營養師的小叮嚀

小黃瓜含鉀量較大黃瓜多，幼兒的腎臟發育成熟中，富含鉀離子的食物有助人體代謝多餘的鈉、水分、廢物。膳食纖維幫助疏通宿便、排除腸內毒素，避免腸道中有害物質堆積，維持腸道健康。

金黃蘆筍蝦仁

材料	玉米筍	10 公克
	蝦仁	30 公克
	綠蘆筍	20 公克

作法

1. 將玉米筍切小段洗淨；蝦仁去腸泥洗淨後備用；蘆筍洗淨，再用刨刀將較硬的部分削掉，切成小段。

2. 把玉米筍、蘆筍和蝦仁水煮至熟，即可取出。

營養師的小叮嚀

蘆筍含有維生素 A、葉酸、鉀、鐵、硒，及穀胱甘等營養。其中維生素 A 可維持上皮細胞膜、視網膜健康。葉酸有助嬰幼兒神經功能，參與造血以預防貧血。蘆筍是一種高鉀低鈉的蔬菜，幼兒的心跳較快，因此多吃富含鉀離子的食物是很有幫助的。

蒸蛤蠣娃娃菜

材料
蛤蜊	160 公克
娃娃菜	70 公克
菇類	20 公克
蒜末	10 公克
紅蘿蔔片	10 公克

作法

1. 蛤蜊泡入鹽水中吐沙乾淨，取出洗淨備用。

2. 菇類洗淨，娃娃菜洗淨，切成段備用。

3. 將所有材料放入娃娃菜、菇類、蛤蜊、紅蘿蔔片、蒜末一起放入電鍋內鍋，外鍋放入1杯水，按下開關後蒸熟即可。

白花椰菜飯

材料
白花椰菜	80 公克
紅椒	20 公克
豌豆仁	20 公克
油	10 公克
蒜頭	10 公克
豬絞肉	40 公克

作法

1. 將白花椰菜洗淨、去粗絲，切碎成米粒大小；紅椒去籽洗淨，切小丁；豌豆仁洗淨。

2. 鍋中放入油爆香蒜頭，加入豬絞肉拌炒至變白色，再加入白花椰菜米、紅椒和豌豆仁一起加入拌炒至熟，加鹽巴調味。

營養師的小叮嚀

白花椰菜飯可以當寶寶副食，可以當媽媽低醣主餐。

白菜滷

材料		
大白菜	80 公克
生豆包	30 公克
紅蘿蔔	10 公克
香菇絲	10 公克
植物油	10 公克
薑絲	5 公克
蒜末	5 公克
醬油	適量

作法

1. 大白菜洗淨、切大塊；生豆包切絲，紅蘿蔔去皮與香菇均切絲備用。

2. 鍋中放入植物油燒熱，放入薑絲、蒜末、香菇絲、紅蘿蔔一起炒出香味。

3. 繼續加入大白菜梗翻炒，再加入適量的醬油調味，等菜梗軟一點，再加入白菜葉和豆包燉煮到食材變軟即完成。

筊白筍炒肉絲

材料

筊白筍	70 公克
紅蘿蔔	15 公克
黑木耳	15 公克
瘦肉絲	40 公克
蒜末	5 公克
油	5 公克

作法

1. 將筊白筍、紅蘿蔔和黑木耳切絲備用。

2. 鍋中放入油燒熱,先將瘦肉絲炒熟起鍋備用。

3. 繼續放入蒜末炒出香味,再加入筊白筍絲、紅蘿蔔絲一起拌炒均勻,再加入木耳絲拌炒後加入清水、鹽巴炒熟,再加入瘦肉絲後一起拌炒均勻即完成。

蒜香地瓜葉

材料

地瓜葉	100 公克
蒜頭	5 公克
油	5 公克

作法

1. 地瓜葉去除較硬的莖梗,仔細的清洗乾淨;蒜頭去除外皮,切末備用。

2. 鍋中放入油燒熱,再放入蒜末爆香,最後加入地瓜葉炒熟即可。

營養師的小叮嚀

含有維生素 A、β 胡蘿蔔素、葉酸、鉀、鐵、膳食纖維及類黃酮素等。其中維生素 A、β 胡蘿蔔素可以維持呼吸道黏膜、上皮細胞膜、視網膜健康。葉酸有助嬰幼兒神經功能,參與造血以預防貧血。

麻油薑絲紅鳳菜

材料	紅鳳菜	100 公克
	麻油	5 公克
	薑絲	5 公克
	鹽巴	適量

作法

1. 紅鳳菜去除粗梗後洗淨，切適量大小。

2. 用麻油爆香薑絲，倒入紅鳳菜拌炒至適合軟度，再加入適量的鹽巴調味即完成。

營養師的小叮嚀
如果沒有買到紅鳳菜，也可以購買白鳳菜來取代。

蝦米炒青江菜

材料	蝦米	40 公克
	青江菜	80 公克
	香菇	20 公克
	油	5 公克
	鹽	少許

作法

1. 蝦米洗淨後泡軟，撈出瀝乾水分備用。

2. 青江菜洗淨、切段後備用；香菇洗淨、切絲備用。

3. 鍋中訪入油燒熱，放入蝦米、香菇絲爆香，再加入青江菜在鍋中拌炒至熟熟，加入鹽調味即完成。

蒜頭雞湯

 材料

蒜頭	10 公克
蛤蜊	30 公克
雞腿肉	60 公克

作法

1. 蒜頭去除外膜、洗淨；蛤蜊泡鹽水吐沙後洗淨；雞肉以滾水汆燙去血水，撈出後備用。

2. 把雞肉、蒜頭加熱水煮滾，轉小火燉煮約 20 分鐘，再加入蛤蜊煮熟即完成。

營養師的小叮嚀
喜歡吃整顆蒜頭的話，可以不用去皮或者油炸過，若小孩不喜歡吃蒜頭可以把蒜頭去皮之後再煮。

鮮魚蔬菜湯

 材料

小白菜	80 公克
美姬菇	20 公克
旗魚片	40 公克
蔥花	10 公克
薑絲	10 公克

作法

1. 小白菜洗淨切段，美肌菇洗淨；旗魚片洗淨、切塊。

2. 鍋中放入薑絲加入 300cc 的水煮滾，放入旗魚塊煮 8-10 分鐘，再加入美肌菇、小白菜、蔥花煮熟即可。

營養師的小叮嚀
1. 大部分的魚都可以拿來煮湯，但如果使用的魚是屬於魚刺比較多的，可以先進行滾煮，過濾後再加入其他食材。
2. 喜歡烹煮後不容易散開的魚肉，就可以選擇鮭魚、鮪魚、旗魚等魚種來進行。

牛蒡雞湯

材料	牛蒡	20 公克
	雞腿肉	40 公克
	紅棗	5 公克
	薑片	5 公克

作法

1. 牛蒡用刀背輕輕刮除表皮，斜斜切薄片後備用。

2. 切好的牛蒡，放入一湯匙醋的清水中浸泡，避免氧化變黑。

3. 雞腿肉洗淨切小塊，汆燙去除血水備用。

4. 將牛蒡、紅棗、薑片和雞腿肉放入電鍋內鍋，在外鍋放入 1.5 杯的水，按下開關煮熟即可。

什錦蘿蔔湯

材料	白蘿蔔、冬瓜、	
	紅蘿蔔	各 25 公克
	傳統豆腐	2 格
	海帶結	1 個
	玉米塊	80 公克（1/3 根）
	芹菜	20 公克

作法

1. 白蘿蔔、紅蘿蔔與冬瓜均去皮後切塊；傳統豆腐洗淨、切塊；芹菜去葉子切末備用

2. 電鍋內鍋放入所有食材，再加入水淹過食材，外鍋用 1.5 杯水，按下開關煮熟即可。

營養師的小叮嚀

蘿蔔和玉米都是帶有甜味的食材，熬煮的湯不用調味也會有鮮味。

新手爸媽最困擾的問題 Q&A

CH.4

寶寶挑食怎麼辦？爸媽該怎麼做？
寶寶不喝奶，可吃鈣片取代嗎？可以吃巧克力嗎？
於這些疑問，爸媽都可以得到解答喔！

大口咬嚼期〈1歲─1歲6個月〉的餵食技巧和菜單

Q1. 寶寶不喝奶，可吃鈣片取代嗎？

A. 寶寶在 1 歲前只能喝母奶或配方奶，但有些寶寶不喜歡喝，寶寶 1 歲後爸媽可以讓寶寶試著喝鮮奶，喝牛奶才是補鈣的最佳途徑，牛奶除了豐富鈣質，還富含鉀、鎂、鋅、維生素 A、維生素 B_2、菸鹼素和蛋白質等多種有益的營養素。除了牛奶外，也可以攝取豆漿、優酪乳、起司等食物提供不錯鈣質來源。使用鈣片的確是可以補鈣，但是吸收效率也無法像牛奶吸收那麼佳。若依定要服用鈣片，一定遵循醫師指示服用，不可過量，或選擇來路不明、未檢驗合格或標示不清楚的鈣片。

Q2. 寶寶可以吃巧克力嗎？

A. 巧克力含有咖啡因，咖啡因是中樞神經興奮劑，長時間攝取可能影響寶寶腦部發育、智力發展，或導致寶寶不易入睡和哭鬧不安情形。因此未滿 3 歲的寶寶不能吃含咖啡因食物，不只有巧克力含有咖啡因，像可可亞、可樂、紅茶、奶茶等茶類這些飲料也含有咖啡因。

Q3. 寶寶要養胖一點，才有長高的本錢？

A. 傳統觀念要寶寶要養胖一點，才有抽高的本錢，隨著營養過剩，導致有越來越多肥胖寶寶。脂肪細胞數量一旦變多，就不容易再消失。有研究發現，肥胖嬰兒長大後，有 1/2 機率變成肥胖成人。未來可能有心血管疾病、糖尿病等慢性疾病風險。如何避免讓寶寶變成胖小孩？

1. **減少想吃就吃的習慣**：通常爸媽因為寶寶還小的時候，擔心營養不夠，所以寶寶想吃多少就吃多少，不知不覺把胃口養大，爸媽也覺得有吃就好，常常忽略營養均衡的重要。也容易因為吃飯前吃很多點心或零嘴填飽肚子，正餐吃很少，爸媽因為怕正餐吃很少，又給寶寶吃點心，造成正餐又吃不下的情形。

2. **好的飲食習慣全家一起養成**：很多爸媽因為自己常吃高熱量、高油脂或高糖分的垃圾食物，像炸雞、薯條、餅乾、含糖飲料等食物，導致寶寶跟著爸媽一起變胖。垃圾食物可能含有加工色素和香料，也是促使發炎食物，這可能讓寶寶出現失控的行為或過動傾向。為了寶寶的健康和建立良好的飲食習慣，需要爸媽改變飲食，跟著寶寶一起正確飲食。家裡避免囤積垃圾食物以及含糖飲料等食物。

3. **選擇健康的點心**：零食指高熱量高油高糖高鹽的食物，缺乏營養素。點心是以健康，含有豐富的營養素，可以補充正餐沒吃到的營養，多選擇新鮮水果、蔬菜、牛奶、麥片、雞蛋、全麥土司、饅頭、未加工的葡萄乾、堅果粉或優格等的餐點當點心。

4. **減少靜態的活動**：如：看書、玩手機、玩電腦。增加戶外活動或消耗體力的運動：如散步、騎腳踏車、跑步、爬山、玩球、去公園玩等地活動。寶寶在 2 歲以前不建議看電視和手機等電子螢幕，2 歲之後每天看螢幕時間不可超過 2 個小時。

Q4. 寶寶挑食怎麼辦？爸媽該怎麼做？

A. 每個寶寶多少都會挑食，但是如果什麼都不吃，沒吃過的新食物也不願意嘗試，這樣挑食問題會比較嚴重。挑食越嚴重的寶寶，可能會因為爸媽教養方法不同，進而影響寶寶進食。

1. 每個寶寶活動量不同，胃口也不一樣，爸媽要接受嬌小的寶寶食量小，或偶爾會有食欲不好的時候。寶寶生長曲線只要在 3~97 百分位之間都屬於正常的，寶寶只是按照自己的身長曲線成長，所以跟自己比較即可。除非偏離兩個區間以上，否則爸媽不用太過擔心。

2. 跟大人一起用餐才能刺激寶寶的食欲，寶寶天生就愛模仿，學習爸媽飲食習慣和飲食偏好，也幫寶寶準備專用餐桌椅，才能養成專心吃飯的習慣，如果用看電視、手機或爭吵責罵餵食，長期下來只會有反效果。

3. 不要因為大部人不吃就認為寶寶挑食，不能因為某些寶寶容易害怕新食物，或者爸媽自己本身不喜歡的食物，就脫口而出「這個食物寶寶應該不敢吃吧，爸媽對食物產生厭惡反應。」反之，爸媽因為食物產生喜好反應，寶寶對嘗試新食物不會產生抗拒。

4. 把寶寶不喜歡的食物加入其他料理裡面，例如把食物切碎加入水餃、炒飯或煎蛋方式，剛開始可挑選寶寶喜歡的料理加入，或者把不喜歡的食物改變烹調方式。品嘗成功後再給寶寶看剛剛烹煮食物的材料，讓寶寶知道剛剛吃了哪些食物，減少寶寶對心食物產生抗拒。

5. 帶寶寶一起到菜市場買食材，一起製作餐點，回到家讓寶寶幫忙洗菜，或幫忙切菜，自己動手做都會讓寶寶有成就感，再鼓勵寶寶嘗試不愛吃的食物，寶寶會慢慢接受的。

6. 減少正餐以外多餘的零食和飲料，寶寶用餐時間肚子餓，就自然會把食物吃光光，如果讓寶寶隨時可以喝牛奶、吃餅乾和點心，根本不了解什麼是飢餓感。所以真的三餐無法達到營養的基本需求，可以給少量的蔬菜和水果當點心，可以增加營養攝取，也不會影響正餐的食欲。

Q5. 我的孩子總是胃口差，有什麼小祕方，可以讓他的食欲變好？

A. 寶寶沒胃口時，要先排除是不是因為生病、便秘，或是太熱、環境吵雜而導致無法專心等因素，食物製備上可以善用甜味食材，像是枸杞、紅棗、地瓜等，香味食材如花生油、芝麻等，也可以運用帶點酸味的醋、和風醬、百香果、番茄、鳳梨、蘋果等幫助腸胃蠕動，進而達到開胃的效果。

Q6. 該如何改善寶寶營養不夠的狀況呢？

A. 首先，要根據寶寶的原因予以正確的照護，若是疾病造成的，則需要給予藥物的治療進而補充所需營養，所以早期發現並治療疾病甚為重要。

若是因為哺餵不當造成的營養不足症，只需要調整哺餵方式與飲食結構，循序漸進地提供各種營養的攝取；若因為缺乏熱量造成的營養不良，則可以適時提供高熱量食物的攝取，並且補充足夠的礦物質與維生素，養成良好的飲食習慣，改正偏食問題，才能促進寶寶飲食的興趣。

Q7. 寶寶生病時，該怎麼吃比較妥當？

A. 孩子生病時，除了讓他多休息、多喝水外，針對不同病症，可以給予不同的副食品補充。

1. 上呼吸道感染

通常會伴隨發燒、咳嗽、流鼻水、喉嚨痛等症狀，食欲及消化力可能也會受影響，此時的副食品要避免冰冷、甜食、油炸或刺激性食物，選擇容易消化且溫和的食物，例如：豆腐、粥品、蒸蛋等為宜。如果寶寶不餓，只願意喝奶也不必勉強，注意適當補充水分即可。

2. 腸胃症狀（嘔吐、腹瀉）

嚴重時先暫緩給予食物，避免像是口乾、深色尿液、前囟門凹陷等脫水狀況的產生。可增加母乳、水、稀釋果汁或葡萄糖、電解質水的補充，症狀緩解之後，再由少量米湯、白粥、蘋果泥、葡萄汁等食物開始餵食。

3. 腸胃症狀（便秘）

便秘的症狀可能會是以顆粒狀的便便，或前端便便偏乾成形，而且寶寶會因為一直憋氣、用力，顯現不舒服或哭泣的表情，甚至會造成解出些微血絲的狀況。

在處理上媽咪可以先以棉花棒沾凡士林刺激肛門口，搭配以順時針方向輕輕按摩肚子來幫助腸子蠕動。便秘的發生，通常是由於水分補充不足、天氣熱、換奶或開始攝取副食品等情況。

Q8· 該如何改善寶寶營養不夠的狀況呢？

A. 寶寶口腔或咽喉感染，導致喉嚨紅腫疼痛、甚至口腔潰瘍時，通常會不肯喝水，更不用說喝奶和吃東西了。這時要給予孩子口服電解質液，適當補充水分和電解質，以免孩子因此造成脫水現象。

另外，如果寶寶有發燒情況，有時候會伴隨噁心、嘔吐、厭食、腹脹、腹瀉等症狀，則宜提供清淡、流質的飲食，少量多餐。食物選擇以質地細緻、易消化為原則，避免攝取油膩、太熱、太冰、過酸或辛辣的刺激性食物，以減少對食道的刺激，此外避免食用甜食。

有時候寶寶會因為感冒而食欲不佳造成營養攝取量不足，體重明顯減輕，媽媽們在這時候就要特別補充提供可增加熱量、蛋白質與維生素、礦物質的食物給寶寶喔！

另外，儘量以物理降溫代替用藥，爸媽可以用市售的退燒貼布或冰涼毛巾貼在寶寶前額，也可使用冰枕，毛巾包裹後墊在寶寶的頭頸部、放在腋下或腹股溝等處，都可以為寶寶降溫。

另外，多餵食寶寶開水，給予清淡、易消化食物，必要的話給予一些電解質水的補充。室溫量保持在 24℃～26℃ 的舒適溫度，並讓空氣適度流通，當寶寶有冷顫現象發生時，要蓋一層薄被；衣服要選擇棉質透氣的，而孩子因為大量流汗而導致衣服潮濕時，一定要盡快換衣服，以免再度受寒，讓病情加重。

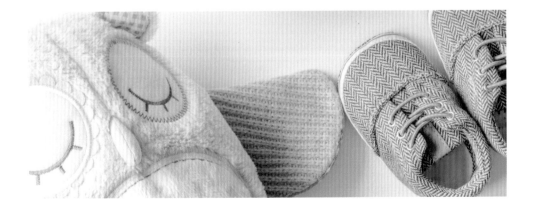

Part 3
小兒科醫師傳授！
0-3 歲寶寶的全方位病症照護攻略

Chapter 1

從居家照顧寶寶健康，
爸媽必懂的八大異常狀況

從五大重點
看懂寶寶不舒服

面對新生兒的一舉一動，相信新手爸媽常常陷入慌張與苦惱之中。
尤其是當孩子看起來「不太對勁」的時候，
總會在腦海裡響起「生病了嗎？」的聲音。
現在，試著透過「飲食、睡眠、呼吸、臉色與排便」五大面向，
為寶寶當下的狀況做初步評估，跟焦慮告別吧！

寶寶的胃口出現變化，食欲不振、或是吃不停。

其實寶寶吃不停的狀況很少，有可能是每次進食的量都很少，所以才會一直想吃，可以試著調整餵食方式後觀察。但若當寶寶胃口變差了，就有可能是生病了。這時要確認活動力和食欲是否明顯下降？寶寶是不是一直懶洋洋？有沒有嘔吐或拉肚子？大小便次數是否減少？

比較常見的狀況是在寶寶三四個月大時的厭奶期，因為喝膩了單一口味的食物，這時可以試著開始餵副食品。最後，也要確認孩子日常生活中是不是吃太多零食飲料，導致常常拒吃正餐的偏挑食，這時請務必減少不健康的食物來源喔。

觀察寶寶的活動力，是否過於亢奮或常昏睡？

頭三個月的寶寶基本上就是吃飽睡睡飽吃，睡眠會分成很多段，但滿三個月後的睡眠通常會變集中，有可能會睡過夜，不過同時間寶寶開始對外界產生興趣，有可能會晚睡或不容易入睡，建議晚上處理完寶寶的生理需求後就讓孩子休息，減少眼神和肢體接觸，也不建議開夜燈。另外白天增加活動量、多互動玩耍，讓寶寶可以清楚感知到白天和夜晚的差別。

活動力是食欲之外的重要指標，如果孩子出現昏睡、懶洋洋、活動力下

降，大多就是生病了。尤其孩子睡一覺後也沒有恢復精神、身體癱軟、吸奶無力、眼神渙散，就要帶到診所讓醫生判斷。

寶寶的呼吸是否急促，有沒有雜音？

嬰兒的呼吸本來就比較快，動態時一分鐘會有 50 ～ 60 下，靜態下也會達到 30 ～ 40 下，如果排除寶寶躁動的因素，超過 60 下的話可能有呼吸困難的問題。除了數值的判斷以外，若發現有肋凹、胸凹、腹部凹陷，或是合併費力呼吸，就一定要看醫生。

嬰兒，尤其早產兒在 6 個月以前因自主神經尚未發展成熟，呼吸會忽快忽慢，也有可能會暫停幾秒鐘，但超過 6 個月以上若狀況未改善，就要留意中樞神經問題。另外可以確認孩子是否有「鼻翼搧動」，兩側鼻翼會在呼吸時改變大小。至於 1 歲之後的孩子呼吸狀況不太好觀察，但如果呼吸很明顯、胸部起伏很大，也需要加以留意。

若孩子呼吸有雜音通常都要看醫生，三四個月前的孩子有像小豬叫的聲音，或是有鼻涕跟痰音，這可能是喉頭軟化或鼻腔狹窄的結構問題，當分泌物阻塞就很容易有呼吸雜音，通常四五個月大以後，最晚一歲前會自行改善。而若是出現咻咻叫或咳嗽就是感冒或細支氣管炎，務必要盡速就醫避免症狀惡化。

從寶寶的臉色發現異狀！變黃或發白都要觀察。

臉色發黃的情形多為黃疸，黃疸是許多嬰兒都會遇到的狀況，大部份為良性生理現象，並不會影響孩子活力，尤其是吃母奶引起的黃疸可能持續比較久或數值比較高，但通常也不用擔心。若是孩子「太早黃、黃太久、黃太高」則要注意。

黃疸可能是來自喝奶量不足，或是和媽媽血型不合、蠶豆症、感染引起的溶血問題，導致膽紅素無法好好代謝。在寶寶剛出生五天內是黃疸高峰期，並在一至兩週內會降下來，通常不會超過一個月（喝母乳的寶寶則有可能超過）。當按壓皮膚後，不是呈現正常的白色而是黃色，則可懷疑孩子出現黃

疸。黃疸的順序一般會從頭部開始，延伸至軀幹到四肢，隨著黃疸濃度越高，分布的位置就會越廣，甚至眼睛、眼屎等分泌物也都會轉成黃色。黃疸的原因可大可小，同時也要檢查大便的顏色，若大便變灰白色，要留意是否為膽道閉鎖引起的黃疸，此時需要趕快就醫。若小朋友出現懶洋洋、吃不好、吸吮力變差，即可能是嚴重黃疸，甚至導致核黃疸，引起終生的腦部病變。總結來說，通常有黃疸就應該就醫。尤其當新生兒出生一天就黃疸、黃疸超過兩個禮拜、大便顏色不正常，或是黃疸遍佈到四肢，都要特別注意。

新生兒的血色素比較高、外觀較紅，俗稱紅嬰兒。若臉色發白通常就是要留意追蹤，尤其當有一直冒汗、體溫偏低或偏高的狀況時，請務必就醫。

孩子大小便的次數和顏色都是健康指標。

在診間很常遇到爸媽問說「寶寶大便是綠色的是否正常？」的疑慮。其實，關於孩子便便的顏色以大便卡比對即可明白正常與否。通常因為奶粉中鐵質的關係，大便會被氧化成綠色，是符合大便卡的正常顏色，若孩子沒有其他異常徵兆就不用擔心。若比對後是異常顏色或是帶有黏液血絲，且活動力下降、不太愛吃，甚至發燒，拉肚子，這時候就有可能是腸胃炎等其他生病情況，需要就醫確認。

關於排便次數，當懷疑孩子大便次數太多時，可以先確認孩子吃什麼？是否為拉肚子？有沒有合併其他症狀？喝母奶的寶寶通常頭一個月是邊喝邊拉，有可能一天拉個十幾次，這是因為小朋友體內消化乳糖的乳糖酶不足，而母奶乳糖很多，所以會一直解便，大概兩小時就需要換一次尿布，之後乳糖酶增加，吸收變好會漸漸緩解，甚至會變成兩三天到一個禮拜解一次。

而若是大便次數太少，則可觀察是否為便秘。喝配方奶的寶寶大概兩三天會解便一次，通常三天以上沒解，且型態是一塊塊的硬便就要擔心便秘了。

另外有個情況是解便困難，發生在六個月以前寶寶，其肛門、直腸發育還不成熟，所以可能解便解很久，但其實便便並不硬，不需要過於擔心。而如果孩子開始吃副食品後開始有成型便跟硬便，甚至便秘，我們可以先增加膳食纖維和水分的攝取，搭配益生菌和適當運動來改善看看。

寶寶的常見症狀①

發燒

哪些疾病容易引起發燒？ ▶ 詳見 P205、207、209、212、213、231、233、234、235、243、245、252、253

不分年齡層
體溫超過 38 度就是發燒！

我們看中心體溫的話，成人大約為 36.5 度，嬰兒通常會更高，加上容易受環境影響，只要包巾包起來就會容易感覺孩子熱熱的，尤其寶寶的汗腺還不發達，所以不太會流汗，因此體溫隨便一量都是 37 ～ 37.5 度，感覺就像是發燒了。其實，我們定義的發燒為身體溫度高於 38 度。測量方式為三個月以下的新生兒量腋溫或背溫，因為耳道有胎脂造成測量誤差，而四個月以上的幼兒可以直接量耳溫判定。

三個月以下的寶寶發燒
務必就醫！

基本上六個月以前的小寶寶，體內還有媽媽提供的抗體，所以理論上應該不太會受到感染。不過也可能接觸了環境中受到感染的人，而出現發燒情況，這個時候就要很小心了，因為寶寶的身體變化非常快，一旦有發燒情形請盡速就診。假如是四個月以上的幼兒，爸爸媽媽可以先觀察是否有其他不適症狀後，再決定是否要就醫，但不需要像三個月以下的寶寶發燒時這麼緊張，若情況不緊急，可以先至一般門診就醫即可。

比退燒更重要的是找到原因

發燒是人的免疫反應，目的就是要對抗外來的威脅，找出身體在抵抗的目標是什麼就相當重要了，這也是為什麼說積極退燒未必對身體是好事。但因為孩子不舒服時會哭鬧不安，我們原則上還是會適當退燒，讓孩子能睡個好覺，除了吃退燒藥，也可以用退熱貼、洗溫水澡等方式緩解不適。

兒科醫師提醒的 NG 行為

試圖用酒精擦澡，或用冰枕等強制讓孩子退燒的行為都必須避免。

寶寶的常見症狀②

嘔吐

哪些疾病容易引起嘔吐？ ▶ 詳見 P209、212、213、214、215、217

生理性嘔吐會自然改善

當寶寶吃比較多，在拍嗝時會有溢奶的狀況發生，這是因為新生兒的胃容量小，和食道交接的胃賁門肌肉尚未發育成熟，所以容易有吐奶或溢奶現象。當孩子大一點，開始吃副食品之後，這種生理性的溢吐奶（或稱胃食道逆流）會自然改善。如果超過一歲還是很常出現嘔吐，建議要就醫確認。

活力和食欲下降的話要留意！

基本上，孩子嘔吐後活力和食欲都很正常，代表這是生理性現象，不需要太擔心。但如果孩子吐很多、嘔吐物不只有食物、食欲及活動力下降，或是已經伴隨發燒就要注意，有可能是腸胃阻塞、腸胃炎等。正因為嘔吐狀況可大可小，一旦合併食欲和活動力下降，一定要找出原因。很多問題很容易引起嘔吐，除了腸胃問題，有時也有可能是腦部異常感染或

眼壓上升，曾有案例為小朋友嘔吐去急診被診斷成腸胃炎，後來才查出是腦瘤。所以若已排除生理性因素引起的嘔吐，建議都要就醫。

勿急著讓孩子止吐
需要找出根本原因

通常人會不舒服到把東西吐出來，除了單純的吃太多，幾乎都是病理性的原因，所以直接止吐對小朋友並非最好的策略。引起嘔吐的原因有疾病感染、食物中毒等，若檢查後排除了這些問題，就有可能診斷為功能性腸胃疾病。

兒科醫師提醒的 NG 行為

一歲以下嬰兒需要注意睡姿，趴睡容易回吸到溢吐奶而窒息，要避免讓孩子趴睡。且日常盡量不強迫孩子喝完奶水，過度餵食容易有吐奶反應。

寶寶的常見症狀③

咳嗽

哪些疾病容易引起咳嗽？　▶　詳見 P205、231、233、234、235、237、245

咳嗽是警報
也是身體的防禦機制！

咳嗽是當呼吸道出現痰液、或異物造成刺激，為了保護肺部不受到細菌感染的反應，一種十分自然的保護機制！也因此不需要在第一時間就立刻為寶寶止咳，應該透過觀察咳嗽的時間跟頻率，以及是否有痰來確認引起孩子真正咳嗽的原因。

透過咳嗽型態初判斷
減少導致咳嗽成因

3 個月以下的寶寶，可能有百日咳的病菌或肺炎，建議一旦有明顯的咳嗽反應要直接就醫。

其他引起嬰幼兒咳嗽的原因很多，有的時候只是喝奶太急引起胃食道逆流的輕微咳嗽，或是不小心誤食異物卡在氣管的劇烈咳嗽，但大部分都是呼吸道感染造成局部腫脹，影響呼吸道而引起咳嗽，所以出現咳嗽反應也總是和感冒畫上等號。另外，也有可能是寶寶天生的過敏體質，當接觸冷空氣、花粉等過敏原，就可能產生時間比較長的咳嗽，且在晚上比白天頻率更高。

針對成因抑制或緩解咳嗽症狀

如果咳嗽同時會喘，要注意孩子的呼吸道是否有痰或其他東西阻塞，透過拍痰、吸熱蒸氣等等排除異物或化痰。

有些三歲以下氣管比較敏感，有反覆喘鳴、有氣喘家族史，可以加強喉嚨保暖、注意寢具清潔來減少家中塵蟎滋長的機會，也要避免二手菸以及盡量不要養寵物。

寶寶的常見症狀④

腹瀉／便秘

哪些疾病容易引起腸胃不適？　▶　詳見 P212、213

判別是否腹瀉要比對平常的大便狀態

如果是喝母奶的寶寶，通常滿月前大便為一天多次，滿月後可能變成數天一次，質地大概是金黃色稀軟大便；如果是喝配方奶的寶寶，通常 2 ～ 3 天內會解 1 ～ 2 次，便便比較容易成形。當排便的型態改變，跟日常樣貌不同，就要留意是不是拉肚子了。

如果寶寶大便次數突然增加，有的時候是食物過敏引起的腹瀉。另外也要小心腸胃炎等感染問題。

寶寶拉肚子的緩解方式

不建議一開始就止瀉。可以觀察這兩天孩子進食的食物，尤其是攝取的主食中，是否有堅果、牛奶或海鮮等等，大量食用後引起過敏的機會就比較高。最後，注意水分補充。

當寶寶腹瀉的次數比較多、食欲下降、哭鬧不安，或是活力變低、體溫不穩、排便味道從酸味變成惡臭、有黏液血絲等等，有可能是腸胃炎，

需要就醫治療。

母乳寶寶少便秘配方奶寶寶有解方

母乳寶寶可以多天才解一次便，如果沒有腹脹、食欲低下，解的大便型態正常就沒問題。而若配方奶寶寶出現排便困難的狀況，可以按摩肚肚、空中踩腳踏車，按摩一下腸道，或是搭配益生菌調整腸道機能。如果都沒有改善，可以和兒科醫師討論後，選擇更換成水解配方的奶粉。最後，開始吃副食品的孩子，可以增加膳食纖維和水果來促進消化。

兒科醫師提醒的 NG 行為

有的爸爸媽媽為了緩解寶寶便秘，會故意把牛奶泡濃一點，透過「水往高濃度流」的原理，讓腸道中的大便變稀後就可以比較容易排便，但這樣會造成身體脫水或電解質不平衡，因此不建議。另外，也不要自行刺激肛門。

長疹子

哪些疾病容易引起疹子？　▶　詳見 P207、209、218、220、222、224、226、229

三個月前的寶寶冒疹子很正常

從外觀上看到寶寶臉上冒小疹子，其實不用太緊張，有時候情緒激動或處於比較熱的環境，因為三個月以下的寶寶汗腺還不發達，常會出現一些小疹子，只要將環境調整成乾爽狀態，通常不久就會自動消失。基本上很多疹子都是良性的，尤其是三個月以前，像是嬰幼尋常紅疹、毒性紅斑、新生兒濕疹、脂漏性皮膚炎、嬰兒粉刺等等，通常是看起來會不舒服，但並不會影響日常生活，搔癢感也不會太嚴重。

當搔癢感很嚴重且影響睡眠要注意

疹子有多種型態，比較無法一概而論。但在寶寶三個月後，可能會出現像異位性皮膚炎，在臉部、頭頸、四肢，有反覆的、粗粗的紅疹。會讓小朋友搔癢難耐、晚上睡不好、抓到破皮等等，這個時候就需要嚴正以待，看醫生並適當擦乳液保濕，避免

演變成嚴重的皮膚病。尤其比較大的孩子出疹子的機率降低後，如果出現應該考慮為異位性皮膚炎。另外，若有蠶豆症的小孩選擇的藥膏要特別謹慎，不然有可能誘發溶血，所以用藥前都建議聽從醫師指示。

維持透氣乾爽的環境為上上策

首先要儘量穿著棉質透氣的衣服，並且保持孩子所處環境涼爽宜人，可以降低疹子帶來的不適感。通常良性的疹子我們不會特別處理，如果有水泡才會特別小心，因為水皰疹可能是疾病的病兆，多由感染造成。另外，要為一歲以前的孩子，或是容易過敏的敏感性肌膚保濕的話，請選擇孩童專用的乳液。

兒科醫師提醒的 NG 行為

成人的藥膏或成人乳液可能含防腐劑，請盡量避免讓孩子使用，避免過敏。藥膏成分中含有類固醇的話，長期會影響寶寶皮膚的厚薄度，使用前建議詢問兒科醫生。

眼睛紅腫

哪些疾病容易引起眼睛不適？　▶　　　　　詳見 P239

鼻淚管尚未成熟有較多眼屎

一般三個月以前的嬰兒可能有「先天性鼻淚管阻塞」，出生以後因為鼻淚管還不通暢，可能到六個月前都有眼屎多、容易流眼淚的狀況發生，大部分眼睛不會發紅，只要適當觀察及按摩，不需要特別治療也會自行痊癒。

症狀持續未改善要留意感染

如果孩子眼睛的分泌物還是很多，我們就要小心是不是真的有感染的情況，有時候醫院會透過培養觀察。感染問題通常會引起眼睛結膜充血發紅和水腫，這個時候就需要用眼藥水治療。

感染問題可大可小，如果只有分泌物可以再觀察，但如果合併結膜紅腫等其他狀況，或分泌物顏色偏黃綠色，就可能是「新生兒結膜炎」。會引起結膜炎的原因例如出生時的產道的感染、出生後病菌感染，或是因為感冒合併的感染都有可能。有的時候是眼周附近發炎跟紅腫，也會有多眼淚、膿性分泌物顏色為黃綠色。相較之下，感染引起的眼睛不適比起癢更

容易痛，所以孩子也比較不會去揉。

過敏引起的不適多為一歲後

一般而言過敏原（花粉、灰塵或毛髮等）接觸到眼睛表面時，會引起眼睛癢、異物感或流淚等過敏反應，這時候若過度揉眼睛會導致眼睛紅腫。但這個情況不太會在一歲前出現。

眼頭按摩或冰敷減緩不適

想協助孩子疏通鼻淚管阻塞，改善眼屎過多的問題時，可以洗淨雙手後，從孩子眼角沿鼻翼稍加力道點壓按摩。如果是過敏引起的不舒服，可以冰敷來緩解。另外，睫毛倒插引起紅癢的問題，在眼科醫師確認後只要直接移除睫毛後就可以了，通常不會造成其他問題。

兒科醫師提醒的 NG 行為

碰觸小孩眼睛前未確保雙手乾淨可能引起感染，以及讓孩子長期使用含類固醇的眼藥水，導致眼壓上升，嚴重有可能失明，建議使用前先向兒科醫師確認。

嗜睡／沒精神

哪些疾病容易精神不濟？ ▶ 詳見 P205、207、209、212、213、231、233、234、235、252

比起睡很久
確認清醒時的狀態更重要

　　每個年紀的寶寶睡眠時間不一樣，小嬰兒頭幾個月每天睡眠時間可以長達 18 個小時，超過半天都在睡，而 2、3 歲的孩子一天還是會有 12 個小時左右的睡眠。然而，嗜睡指的不是孩子睡了多久，應該要留意的是，孩子是否很容易進入睡眠狀態、是否沒精神、沒活力，以及醒來後很安靜，沒多久又睡著、不易喚醒等等。以上這些活動力下降的現象出現的話，就要小心可能是生病了。

　　另外，若寶寶改變了平時的睡眠模式也可能需要留意，是否是前一天太晚睡？或是吃了什麼藥物，是否有嗜睡的副作用等等，先大致判斷原因。

大部分嗜睡症狀
都是由腦部問題引起

　　新生兒面對低血糖的反應，可能會出現沒體力跟嗜睡的問題，除此之外，嗜睡通常是腦部或代謝出問題，還有一種可能是腸病毒合併腦炎、腦膜炎，也會伴隨發燒或嘔吐的狀況，因此當觀察到孩子的睡眠型態、活動力與日常不同時，需要特別留意可能有嚴重的感染疾病的可能，建議就醫檢查。

兒科醫師提醒的 NG 行為

　　為了讓孩子有好的睡眠品質，以及養成好的睡眠習慣，要儘量避免讓孩子在非睡眠時間、不恰當的時間睡覺，也要避開睡前的過度活動及 3C 產品，以免影響睡眠品質。

哭鬧不停

哪些疾病容易哭鬧不停？ ▶ 詳見 P209、214、217、229、233、243、252

先排除是寶寶生理需求引起的哭鬧

哭是一般的生理現象，我們可以先確認寶寶的生理需求是否有被滿足，例如肚子餓、尿布濕、要抱抱等等，有的親密需求比較高的寶寶會更需要花時間陪伴。如果已經確認滿足了孩子的生理需求，還是哭鬧不停，才需要擔心是否是由疾病引起的身體不適反應。

腸絞痛是寶寶哭鬧不停的大魔王

其實三個月以下的寶寶哭鬧很難察覺真正的原因，但有許多狀況可能是腸絞痛引起的不適感。

通常兩週到五個月的寶寶，腸絞痛這種功能性腸胃道問題容易發生，可能是腸胃功能不成熟或異常，會在傍晚或半夜等特定時間，哭鬧很久、無法安撫，不過孩子的生長發育跟食欲都能正常發展。

然而，腸絞痛起因仍不清楚，有可能是牛奶蛋白過敏、腸道菌叢異常等等，到四個月就會好轉。不過孩子天天這樣哭鬧連大人也會跟著想哭，所以我們排除其他疾病，確定是腸絞痛引起的哭鬧後，可以考慮讓孩子吃益生菌來改善腸症狀，或是幫寶寶按摩，也可以放白噪音來安撫寶寶、轉移寶寶的注意力都是不錯的方法。如果都沒有效果，最後才會開藥物，但最有效的方法還是交給時間，時間到了腸絞痛就會自然改善了。

兒科醫師提醒的 NG 行為

有的時候面對孩子不斷崩潰大哭，難免會有情緒上來而用力搖晃小孩的情況，可能造成孩子搖晃嬰兒症候群（shaking baby）而產生嚴重後遺症。曾有案例為寶寶在搖晃後不哭了，但後來臉色蒼白且一直嘔吐，最後因為腦水腫而離世的悲劇，所以切記勿大力搖晃孩子。另外使用安眠藥讓孩子入睡，或是讓寶寶趴睡等等的行為都必須禁止。

Chapter2
好發於 0-3 歲寶寶的
31 種疾病預防處理對策

七成以上的寶寶都有可能患病！
常見感染症 1

流行性感冒

簡稱流感的流行性感冒，應該是每年天氣變冷後家長最害怕的疾病之一，
因為一不注意流感會併發肺炎重症，嚴重可能致死。
因此，了解如何有效預防與照顧不小心罹患流感的孩子十分重要。

主要症狀：咳嗽、喉嚨痛、倦怠、明顯高燒、關節痛、肌肉痠痛

好發年紀：全體。托嬰或上學的孩子要特別留意

好發季節：秋冬

什麼是流行性感冒？

流感並不是一般感冒，而是由稱為流行性感冒病毒所造成的感染，通常可以分成 ABC 三型，人類主要會被感染的是 AB 兩型。但是，流感不只會在人類之間傳染，像是禽鳥或哺乳類也都會感染，例如豬流感和禽流感。

流感病毒是傳染力極強的病毒，從幼兒、兒童、成人到老人都無一倖免，症狀跟感冒很相似，但青少年跟成人對頭痛、肌肉痠痛的感覺會比較明顯。

流感可以透過快篩檢驗，大約 15-20 分鐘就可以得到診斷結果，是目前最普遍檢驗流感的方式，不過準確度落在 70% 左右，結果有可能是偽陰性（意思是你確實感染了流感，但快篩結果卻是陰性）。因此，要不要做快篩還是取決於醫師，基於快篩結果並非百分之百正確，如果醫師覺得症狀典型，或許會決定直接做治療，請家長不必執著在快篩與否。

為什麼會得到流行性感冒？

流感好發於秋冬兩季，主要為飛沫傳染感染呼吸道，如果群聚便容易擴散，這是流感最大的特徵，尤其家庭親子間的傳染很常發生。

流感可能會變重症，重症族群大

概會落在兩歲以內的幼兒和老人家，有可能會併發腦炎、肺炎和心肌炎，甚至會死亡。

如何判斷寶寶有流感呢？

因為流感症狀與感冒雷同，加上大多幼兒對肌肉痠痛等症狀無法詳述，因此醫師會透過社區是否已經流行，家人是否有確診者來判斷；此外，如果一開始判斷為感冒，但感冒藥服用後沒有效果、耳溫持續在 39 度以上，醫師也會考慮是否感染了流感。

怎麼治療流感？
居家照護與預防對策是什麼？

第一個治療流感的藥物為膠囊狀的「克流感」，給幼兒吃的話，會按體重年齡磨粉成包，方便服用；第二種是吸劑「瑞樂沙」，建議給五歲以上已經能正確吸入藥劑的小孩，五歲以下的幼兒以克流感為主。這兩種療程皆為一天兩次，一共五天。

最後有一種為自費的針劑藥物叫「瑞貝塔」，好處是注射點滴一次就能完成療程，比較方便快速，治療效果一樣不錯。

另外，政府每年會提供流感疫苗，公費流感疫苗施打年齡落在 6 個月到 18 歲，建議每年秋冬季配合政府政策施打流感疫苗，打完疫苗後雖然並非百分之百能避免流感的傳染，但能大幅減少感染流感後併發重症的機會，並提高預防流感的機率。若家有 6 個月以下的寶寶，會建議主要照顧者（父母或祖父母）、托嬰幼教老師要施打疫苗。如果家中出現感染者時，務必與 6 個月以下的寶寶隔離。

若不幸確診流感了，只要好好吃藥、睡眠充足、多喝水便能慢慢好起來。請記得這個期間要減少跟人群接觸、先不要到學校上課，保持良好衛生習慣、戴口罩和洗手。

常見感染症 2

水痘

家中小寶貝開始發燒、活動力變低，原本以為是感冒了，
不過之後看見臉部、四肢到頭皮出現大小不一的紅疹，才知道是在出水痘！
這種讓孩子搔癢不舒服的感染症，在照護上需要特別細心。

主要症狀：發燒，從臉部、胸部和腹部開始，
延伸到四肢到口腔的紅疹和水泡
好發年紀：1 歲上下
好發季節：無

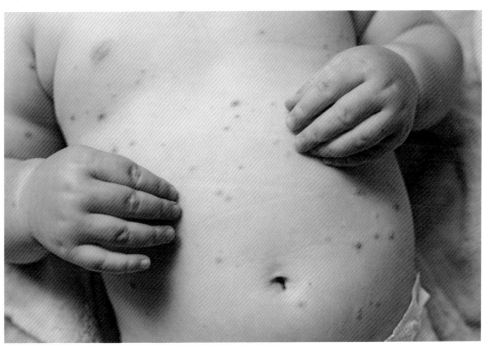

什麼是水痘？

　　水痘和帶狀皰疹的致病菌是為同一種病毒，稱為水痘帶狀皰疹病毒（或簡稱水痘病毒）。在幼兒或第一次生病會以水痘的形式出現。水痘通常只會出現一次，但水痘病毒會潛伏在體內，當免疫力低下時會以帶狀皰疹的方式出現。

　　水痘傳染力強，潛伏期比較長，大概 10-21 天，出疹前 2 天到結痂期間都具有傳染力，主要透過飛沫傳染，或是接觸到破掉的水泡時也有傳染風險。

長水痘會有生命危險嗎？

　　一歲以內的幼兒、孕婦和成人會有比較嚴重的反應，而且可能會出現肺炎或腦炎等嚴重併發症。一歲後的幼童水痘症狀則以皮膚表現為主，比較不用擔心合併重症和生命危險。

水痘要怎麼照顧和預防？

　　因水痘具有高度傳染性，建議要居家隔離至水泡結痂，家中同住者也要多洗手，保持良好的衛生習慣。醫師會開抗水痘病毒藥物，照著吃完療程，並且多休息、補充水分，基本上一個禮拜就會好轉了。另外，醫師也會開止癢藥膏，只要孩子覺得癢就擦。

　　生病期間需要細心照顧孩子的皮膚，例如洗澡水溫不要太高，並用乾毛巾輕輕拍乾身體。為了避免孩子抓破水痘導致傷口感染，記得幫小朋友剪指甲，並建議穿長袖衣物為佳。

　　兒科醫師呼籲家長要記得帶年滿 1 歲的幼兒施打公費水痘疫苗，有接種水痘疫苗的孩子，可大幅降低被水痘傳染的機會，和萬一被傳染後僅會有輕微的水痘症狀，皮膚水泡數量會較少，病程也會比較短。孩子 4 到 6 歲時可以追加第二次劑自費水痘疫苗，增加其保護力。

常見感染症 3

腸病毒

腸病毒可以說是幼兒界群聚感染的大魔王，
當孩子不小心感染腸病毒，不僅要忍受口中及蔓延到四肢的水泡潰瘍，
還會有發燒嘔吐的症狀，相信爸爸媽媽看了會十分心疼。
以下一起來了解看看如何減少孩子罹患腸病毒的機率！

主要症狀： 1. 手足口病，遍布四肢、屁股的紅疹

2. 皰疹性咽峽炎。發燒、喉嚨潰瘍和疼痛、作嘔

好發年紀： 5 歲以下。5 歲以上抵抗力比較完整

好發季節： 四季皆有，但夏季為主

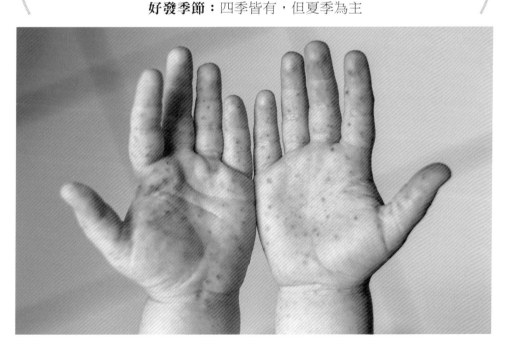

腸病毒是什麼？

腸病毒可稱作台灣兒童國病，是一群病毒的總稱，有六十多種型別，過去曾流行的小兒麻痺也是其中一型，目前在台灣流行的以克沙奇 A 型和腸病毒 71 型為主，夏天為好發季節，嚴重會造成死亡。雖然腸病毒是因為在腸子裡生長而得名，但症狀多表現在口腔跟皮膚，不太會拉肚子，和上吐下瀉的腸胃炎不同喔！

腸病毒表現的症狀有哪些？

典型的腸病毒分成兩種，第一種是「手足口病」，疹子分佈在四肢手掌腳掌、膝蓋、和屁股等處，而且口中有潰瘍，會感到非常疼痛；另一種為「皰疹性咽峽炎」，會發燒跟喉嚨痛，咽峽部會有數量不等的小水泡跟潰瘍。

經統計，感染腸病毒的幼童 99% 都為輕症，大概一週內會慢慢康復，但有 1% 會引起重症，例如腦炎、心臟衰竭、和死亡。當發燒持續三天以上、吃不下而導致脫水、營養不足時，醫師會建議住院療。另外要提醒的是，可能惡化成重症的四大前兆：嗜睡、肌躍型抽蓄（晚上睡覺的時候出現 5 ～ 6 次以上）、持續嘔吐、休息狀態下心跳加快和呼吸急促。如果觀察到生病的幼童出現這四大重症前兆，請立即送醫治療，不能耽擱。

為什麼會得到腸病毒？

腸病毒是傳染力極強的病毒，有三種傳播途徑，一為飛沫傳染，在一個被感染腸病毒的小朋友口鼻飛沫中，能持續檢驗一個禮拜都驗到病毒；另一個是糞口傳染，病毒能在糞便中停留數月之久；最後是接觸傳染，像是摸到被腸病毒汙染的門把、玩具及桌面，在幼兒園跟托嬰中心很容易發生。且每年腸病毒流行的型別不同，所以有重複得到的可能。

怎麼治療腸病毒？
居家照護與預防對策為何？

台灣自行研發的腸病毒疫苗已經在民國 110 年中完成第三期試驗，有希望在不久的將來通過認證，施打在幼童身上。而腸病毒目前仍沒有藥物可治療，只能給予讓症狀緩解的藥劑，例如止痛噴劑、退燒跟點滴補充水分。如果是居家照護則需要多休息和補充營養，若因為口中潰瘍疼痛而沒有胃口，可以吃點冰涼的布丁、冰淇淋等來補充熱量。

記得要勤洗手，並務必用濕洗手的程序清潔。酒精是無法消除腸病

毒，家中環境可以用 500 ppm 漂白水來消毒廁所、門把、地板和玩具等，清潔時要戴手套，調製的清潔劑需要在當天用完，並保持衛生習慣。另外，這段期間盡量避免接觸人群，在台灣通常學校會請病患停課一週。

若三天左右後已經退燒，精神跟食欲恢復的差不多了，應該就可以判定孩子痊癒了，不過建議還是一週後再出門比較保險。

自製消毒漂白水

稀釋後消毒漂白水濃度	漂白水	清水	使用時機
500ppm	100ml	10 公升	一般環境／常用物品
1,000ppm	200ml	10 公升	被分泌物、嘔吐物或排泄物汙染之物品表面

資料參考：衛福部疾管署

Unit 2　**爸媽注意！寶寶的腸胃不適症狀比成人嚴重**
常見腸胃病 1

病毒性腸胃炎

在台灣秋冬之際，幾乎每個孩子都曾會受到輪狀病毒的威脅，
引起上吐下瀉的腸胃炎。事實上輪狀病毒感染是一年四季都會發生，
一起來了解基本預防的方式，讓寶寶遠離腸胃型病毒的攻擊吧！

主要症狀：多次嘔吐、多次拉肚子、偶有發燒
好發年紀：5 歲以下
好發季節：多為冬季（11 月～ 3 月）

什麼是病毒性腸胃炎？

　　病毒型腸胃炎由許多種病毒引起，常見有輪狀病毒、諾羅病毒等，會導致患者嘔吐、腹瀉或發燒。坊間醫師為了讓民眾方便了解常常稱其為「腸胃型感冒」，但是正式醫學上並沒有這樣的名稱。主要透過糞口傳播，若和患者密切接觸，分享飲食口沫，或碰到病人接觸汙染的物品都有可能受到傳染，尤其在群體生活的環境，很難避免互相傳染的情況發生。

怎麼預防和照顧？

　　透過補充足夠水分、電解質跟糖分，接近學齡的孩子在兩三天內可以自行痊癒緩解。但若孩子年紀比較小，並且有持續高燒、嚴重脫水的情況，這時就建議使用針劑或口服的藥物來改善嘔吐或拉肚子的狀況，讓孩子比較舒服能進食。若服用藥物後孩子還是吃不下，可以補充點滴來治療。對抗病毒並沒有特效藥，所以只能緩解症狀，通常適當的治療後約兩三天就會好轉。不過仍有的孩子拉肚子的時間持續比較久，建議可以先注意飲食內容，減少刺激油膩的食物。

　　急性期不建議讓孩子空腹，若孩子不會一吃就吐或有明顯腹痛，可以少量吃清淡食物。另外，務必多洗手，減少接觸感染者觸碰的物品，以免家中的孩子互相傳染。目前有門診都有提供口服輪狀病毒疫苗，效果相當不錯。考量到小朋友生病時的不適，以及家長們耗費的時間精力，雖然是自費疫苗但仍然相當推薦家長們讓孩子們使用。

細菌性腸胃炎

和病毒引起的腸胃炎不同，細菌型的腸胃炎病程更久且更嚴重，
所以更需要留意孩子是否有脫水情況。大多由飲食引起的細菌型腸胃炎，
是有機會可以避免的疾病，一起來了解如何應對吧！

主要症狀：高燒、嘔吐、拉肚子、糞便有黏液及血絲、腹痛

好發年紀：6 歲以下

好發季節：夏季，未注意飲食衛生時

什麼是細菌性腸胃炎？怎麼傳染的？

最主要的感染方式就是吃進受細菌汙染的食物，常見的有沙門桿菌，此外少見的有志賀氏菌與大腸桿菌為感染來源。以往沙門氏菌常常透過雞蛋殼汙染小朋友的飲食導致疾病，不過現在透過洗選蛋的方式可以減少這一個傳播途徑。若感染了細菌性腸胃炎，其引起的不舒服症狀往往比病毒感染來的嚴重，特別是小朋友族群。

得到細菌型腸胃炎怎麼辦？

三個月內的嬰兒或免疫力比較差的孩子，會考慮使用抗生素以減少併發症的產生。如果不幸發生併發症，例如在一歲以下孩童發生過腸子破裂合併腹膜炎的情況，這時便需要外科手術的處理。年齡大一點沒有慢性疾病的孩子並不建議常規使用抗生素，因為會延長帶菌及復原時間。飲食儘量清淡，如果拉肚子很嚴重可以多補充電解水。因感染多跟食物有關，所以需要避免沒有煮熟的食物，飲用水務必煮沸，處理生熟食也要分開避免汙染。

常見腸胃病 3

腸套疊

腸套疊是小兒常見的腹部急症之一，
初期只有哭鬧或嘔吐的症狀，跟許多疾病的症狀類似
因為嚴重可能導致腸子破掉或壞死，家長務必要提高警覺。

主要症狀：肚子痛、嘔吐、間歇性哭鬧，後期會有「草莓果醬便」
好發年紀：多為 5、6 歲以下孩子，尤以 1、2 歲為重
好發季節：春秋，常見於病毒感染的季節

為什麼會發生腸套疊？

腸套疊非常白話的來說就是小腸蠕動過頭進到大腸被包住而回不來的情形，是小兒科常見的腹部急症。正常的小腸並不會被包住而卡住，但幼童時期因為常有病毒感染容易導致小腸淋巴結腫脹，是這個年紀容易發生腸套疊的原因。

孩子腸套疊會有什麼反應？如何照顧和預防？

當腸套疊剛剛發生尚未完全套住的時候，寶寶會有間歇性的哭鬧。但是當套住時間久了，哭鬧時間就會比較頻繁並且拉長。當典型的症狀如腹痛、嘔吐、哭鬧及草莓果醬便等都出現的時候，診斷就相當明確。但不是每個小朋友都在一開始就有那麼典型

的症狀，常常只有輕微的腹痛或哭鬧而已，所以第一時間就要診斷可能有其難度存在。當醫師懷疑腸套疊的時候，便會透過敏感度高的超音波來檢測診斷。確診後再利用空氣灌腸，利用氣壓將小腸推回去原位，這樣就算是順利的完成治療了。

腸套疊並沒有有效的預防對策，且因為腸套疊很可能反覆發生，如果又出現類似的症狀，就要再仔細評估並且同樣以空氣灌腸處理。若重複發生第四次的時候，可能會考慮請外科醫師透過手術方式復位，並且檢查是否有瘜肉、憩室或腫瘤等需要手術切除的疾病。尤其六歲以上的孩子發生腸套疊時，腸子有合併異常的機率比嬰幼兒更高，有可能需要開刀處理。

常見腸胃病 4

胃食道逆流

胃食道逆流是新生兒常見的腸胃道問題，
僅有溢吐奶是正常的生理表現，但若有其他合併症狀則需小心處理。
以下會提供改善建議來緩解寶寶的溢吐奶狀況。

主要症狀：溢奶、吐奶

好發年紀：6 個月以下

好發季節：無特定時間

寶寶也有胃食道逆流？

在談嬰兒的胃食道逆流主要是指從胃部上來的溢奶的表現，跟成人有灼熱感的症狀不太一樣。過了嬰兒期後，幾乎要到青少年時期才會有胃食道逆流的狀況，而嬰兒的處理方式也跟青少年與成人迥異。

幾乎所有的寶寶都會溢奶（也就是本章所指的胃食道逆流），只要次數不多，沒有合併其他症狀，一天三、四次的逆流可以認為是正常生理狀況，並且會隨著年紀增加改善。

通常在孩子六個月大開始吃黏稠副食品之後，逆流次數也會大幅的改善，大部份一歲以後就不會有溢奶狀況了。當寶寶溢奶很嚴重，而且合併其他不舒服的症狀，例如哭鬧厲害、不願意喝奶、身體弓起來（後仰），或是體重無法正常成長時，就可能有食道發炎的疑慮，建議由醫師評估處理。

可以怎麼改善寶寶胃食道逆流的情形？

少量多次的餵食、增加停頓來拍嗝排氣的時間是初步的處理方式。

理論上喝母乳的寶寶考量胃排空的速度比較快應該會有比較少的逆流情形；而喝配方奶的寶寶有胃食道逆流的狀況時，因為考量到牛奶蛋白過敏的症狀與胃食道逆流相似，所以有時候會建議先嘗試水解配方奶粉來改善症狀。由於嬰兒的胃食道逆流和胃酸比較不相關，抑制胃酸或是促進腸胃蠕動的藥物一般要在進一步評估診斷後才會給予。

有居家照護和預防重點嗎？

可以將奶粉換成水解配方試試看，並選擇合適流速瓶嘴的奶瓶，少量多次的餵食。另外，可以增加停頓排氣的時間，餵食後要記得拍嗝，也要避免寶寶馬上平躺。

TIP 溢奶跟嘔吐大不同！

溢奶發生時寶寶通常就是一如平時，只是會有奶會直接從嘴巴流出來；嘔吐則會有一些不舒服的表現與噁心感等等。或是嚴重到吐出膽汁或血絲，這時候不可以判斷是單純的胃食道逆流，應該需要考慮其他生病的狀況並且就醫確認。

疝氣（俗稱脫腸）

小兒外科的常見疾病中，腹股溝疝氣也算是榜上有名。
雖然孩子的腹股溝疝氣不算是重症，但為了以防造成器官壞死等嚴重併發症，
一起先了解如何應對和照護吧！

主要症狀：腹股溝或鼠蹊部凸起、嘔吐
好發年紀：5 歲以下，男生比例高於女生（8：1）
好發季節：無特定時間

如何知道寶寶有疝氣？

疝氣即是閩南語所說的「脫腸」。好發於嬰幼兒的是胚胎時期伴隨睪丸從後腹腔下降的腹膜鞘狀突沒有完整退化，在腹股溝留下空間，當腹腔內的器官如腸子跑進這個空間時，就會在鼠蹊部或陰囊處產生腫塊，也就是我們看到的腹股溝疝氣。通常在腹內壓力增高時，例如哭鬧、咳嗽或用力時會出現，可以在孩子的鼠蹊部觀察到明顯的鼓起。不過，經過安靜平躺或一覺醒來後可能又消失不見。

孩子的疝氣要怎麼處理？
手術後要怎麼照護？

當確定診斷為腹股溝疝氣後，因為年紀愈小發生的風險愈高，所以醫師在發現之後一般會建議家長安排手術處理，以減少將來腸子發生卡住壞死的風險。突然發現寶寶鼠蹊部有凸出腫塊的時候，輕微的狀況只要輕輕按就會縮回去。但如果發現腫塊無法推回去、皮膚發紅、哭鬧不安等情況，請立即到醫院就診。醫師會為寶寶進行徒手復位，大部分的情況都可以順利的復位。不過復位後仍然有再發生卡住的風險，嚴重的情況可以造成卵巢、睪丸或腸子壞死等後遺症，所以應該配合醫師建議盡快手術來減少併發症。

如果沒有合併腸子壞死，疝氣手術不會影響腸道，所以術後可以很快回復日常飲食。而且傷口不大（尤其是腹腔鏡手術），術後疼痛也不嚴重，爸爸媽媽只要注意傷口盡量不碰水，保持乾燥，準時回診確認術後狀況即可。

Unit 3

為何寶寶滿臉痘痘，還頭臭臭？
常見皮膚病 1

脂漏性皮膚炎

嬰幼兒身上的脂漏性濕疹，學名是脂漏性皮膚炎，
大部分的狀況都不會太嚴重，會在寶寶頭部看見乾乾黃黃，
有點像頭皮屑的物質，只要細心照顧都可以復原，爸爸媽媽不用太擔心！

主要症狀：頭皮、額頭、眉毛、耳朵等處出現黃色皮屑
好發年紀：出生後 1 個月
好發季節：無特定時間

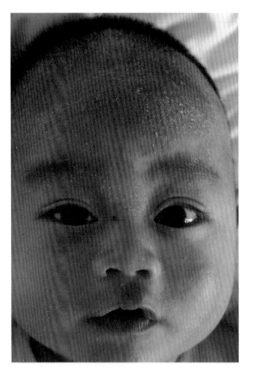

孩子怎麼會有脂漏性皮膚炎？

　　通常脂漏性皮膚炎是受個人體質影響，沒有特殊的預防對策。當皮脂腺密度及活性較高的區域，油脂分泌比較旺盛時就會出現。出生滿一個月後孩子迅速增長，汗腺出口阻塞後導致皮膚發炎，就會變脂漏性皮膚炎。另外，爸爸媽媽如果都是過敏體質的話，小朋友得到的機率就很高。像是家長有皮膚、鼻子過敏，或異位性皮膚炎，小朋友也比較容易罹患脂漏性皮膚炎喔。

寶寶如果得到脂漏性皮膚炎，需要擦藥或吃藥嗎？

基本上不用吃藥，除非毛囊發炎合併金黃色葡萄球菌感染，才要吃抗生素。以前阿公阿媽那一代會用麻油當成界面活性劑去搓揉，讓痂掉落，但其實只要用對洗髮精，一天按摩一次頭皮，大約過一個禮拜痂就會自然慢慢掉落。

外用的藥物多為類固醇、局部類固醇，也可以用非類固醇的抗發炎藥 Calcineurin inhibitor（CNIs）， 臨床上常使用 pimecrolimus（Elidel ®）和 tacrolimus（Protopic®）這兩種藥物。

罹患皮膚炎的小朋友可以泡澡嗎？

基本上，除了異位性皮膚炎的寶寶經過醫師判斷後，可以透過泡稀釋的漂白水來減少身上的金黃色葡萄球菌，恢復表皮屏障功能外，其他寶寶的皮膚病症都不建議泡澡。而且冬天也盡量不要泡熱水澡和溫泉，避免破壞皮膚的角質層，導致皮膚越來越乾燥發癢，會讓孩子忍不住抓不停而惡化。

有居家照護的重點嗎？

脂漏性皮膚炎的居家照護很特別。首先，就是要配合醫師的治療用藥，再來就是看皮膚傷口的深淺，如果是表層的傷口，醫生會開油脂性低的藥，而痂如果很厚，則會為了能穿透皮膚使用油脂性較高的藥物。

讓寶寶穿純棉的衣服很重要，不需要特別穿發熱衣、排汗衣、散熱衣等等的機能服，會讓身體更不透氣。其實標榜排汗的衣服，本來就不太適合人體穿一整天，主要只能用於運動的當下，所以睡覺的時候也要避免穿排汗衣。醫師特別提醒，洗澡時要注意水不要太熱，儘量低於 40 度。另外，寶寶的生活空間盡量維持在宜人的攝氏 28 度左右為佳。

常見皮膚病 2

汗疹

　　台灣屬於海島型氣候，天氣比較潮濕，加上新生兒的汗腺發育還不健全，只要會流汗的地方就很容易出現汗疹。尤其家長比較容易擔心孩子「著涼」，有時候沒拿捏好保暖的份量，不小心讓孩子「熱出疹」！

主要症狀：流汗處出現紅疹

好發年紀：新生兒

好發季節：夏天，易出汗的季節

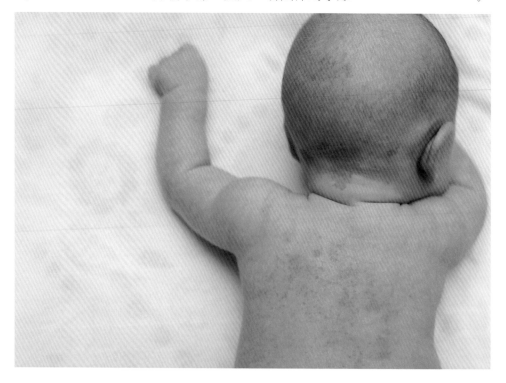

什麼是汗疹？為什麼會出現？

汗疹在有流汗部位的地方都有可能產生，汗疹是指汗腺排汗時遇到阻礙，使汗水在皮膚上累積，導致汗腺發炎，如果當下皮膚上有細菌，會讓汗疹變紅，使搔癢的症狀更加強烈。汗疹的類型有三種：

第一種是晶瑩剔透的水晶型汗疹，成人好發於軀幹皮膚淺層，寶寶常見的部位在頸部及上半身，但不太會癢，會出現粉紅色的皮疹；

第二種是紅斑型的汗疹，也是常見的汗疹，患部會搔癢、有刺痛感。尤其是在運動後和洗完熱水澡後會刺痛感會很明顯，好發部位在小朋友的肚子、腋下和頸部。

第三種也是相當常見的汗疹，發生在 1 歲以前的嬰幼兒，常見原因為照顧者幫孩子穿了過多的衣服，太過悶熱所導致。

出生 2 至 3 個月的小寶寶發汗功能還不完全，若衣物包覆得太厚實，體溫會升高。甚至若要判斷孩子穿的衣服是否夠保暖，不是靠照顧者觸摸寶寶的手腳來判斷，應該觸摸寶寶的後背部位來判斷，如果背部是溫暖的，即便手腳有一點點冷，孩子的穿著就已經足夠了。

可以怎麼預防汗疹？

如果在天氣炎熱時穿長袖長褲，或是到悶熱的地方，就會容易長汗疹。所以，最好的預防方式就是讓孩子處在溫度適宜的地方，大概攝氏 28 度左右，在戶外活動時，盡量找陰涼處遮陽，冬天時也要避免穿過多的衣服，可以有效避免出現汗疹的機率。

汗疹要怎麼治療？
居家照護的重點是什麼？

汗疹發作的時候，只要擦局部的抗發炎外用藥物就可以緩解，包括外用的弱效類固醇藥物，一天一次，薄擦即可；當汗疹比較嚴重的時候，就需要吃抗組織胺的藥物。若將長疹子比喻成一片著火的森林，最重要的就是滅火，而不是放任大火燃燒而一發不可收拾成慢性皮膚炎，所以儘管大家會排斥，這時候我們會選擇短暫地使用類固醇來積極治療，基本上會用最低濃度的類固醇* 來控制疹子的狀況。務必讓孩子穿著棉質的衣服，保持通風、避免過度潮濕，熱水澡的溫度不要太高，適量的痱子粉也能讓寶寶保持清爽的感覺。

---

* 外用的類固醇藥物分類可分為 7 級，第 1 級為超強效，多用於嚴重皮膚炎的病患，或者是嚴重乾癬皮膚炎的病患。

常見皮膚病 3

尿布疹

尿布疹可說是在兒科最常見的症狀之一。
在尿布包覆處，皮膚會因為受到刺激而發紅，出現一點一點的刺激性皮膚炎，
當爸媽不小心使用傳統藥膏可能有更嚴重的反應。
其實了解尿布疹的原因後，跟著照護原則，大部分尿布疹都能自然痊癒喔！

主要症狀： 紅疹

好發年紀： 穿尿布期間皆有可能

好發季節： 無特定時間

尿布疹的起因是什麼？

尿布疹好發的年紀，從出生到孩子可以脫離尿布前都有可能發生，通常戒尿布後大多能不藥而癒。成因有兩個，第一個原因是尿布與皮膚間的磨擦，破壞角質層保護結構；第二個原因是排便稀且次數頻繁，造成刺激產生皮膚的變化。長時間未更換尿布，肌膚被尿液和糞便沾染一段時間後被破壞，或是有使用不合適的沐浴乳、洗澡水過熱都有可能。如果放著不治療，有可能引起金黃色葡萄球菌感染發炎，變成膿痂疹，皮膚不僅會紅腫還會出現痛感。

除了尿布疹如果還有發燒情況，很嚴重嗎？

一般尿布疹不會引起發燒，除非已經合併細菌感染，才會在尿布疹的症狀開始後出現發燒等全身反應，大多在這個時候，才被檢查出有合併其他疾病。曾經有一位小病童，一開始只有尿布皮膚紅疹，後來持續發燒，詳細檢查發現全身免疫系統功能太低，經更精細的基因檢查，才確診免疫缺陷的疾病。由此可見，儘管只是輕微的尿布疹症狀，也不能掉以輕心。

尿布疹該怎麼治療？

　　基本上還是要看出現的疹子型態，才能判斷要用哪些藥物。如果是一般的尿布疹，醫生會用低濃度外用的類固醇外用藥。一般市售的皮膚藥膏，大部分包含類固醇、抗生素，止癢的綜合型藥膏，不建議家長自行買藥膏擦拭，因為不同的尿布疹，要專科醫師判斷是細菌感染、黴菌感染，還是一般的接觸性皮膚炎。這需要靠驗兒科醫師專業的診斷。

　　醫師會先判斷是細菌、黴菌或是病毒造成的病因，再來進一步判斷需不需要使用抗黴菌、抗生素，或是只需要薄薄的類固醇。有一些尿布疹，只需要塗抹一層薄薄的凡士林，阻隔肌膚跟尿液、糞便的接觸就可以了。而外用的凡士林，不要塗太厚，避免肌膚無法透氣，造成反效果。

　　如果醫師診斷是細菌感染或黴菌感染，請務必配合醫師的醫囑，接受完整的療程，大部份尿布疹藥到病除。

　　出生一個月以內的寶寶，因為皮膚很薄，有時候尿布疹的面積較大，整個屁股都是傷口，尤其在肛門口的地方，皮膚發炎比較嚴重，在這個狀況的時候，病童需要接受住院治療，加上外用的紫外線光輔助，讓皮膚可以迅速恢復，並減輕症狀的不適。

孩子有尿布疹可以使用濕紙巾嗎？

　　更換尿布，建議用清水直接沖洗，再用毛巾擦乾。有時難免還是會使用濕紙巾，外出暫時用濕紙巾幫孩子清潔，並不會有什麼大問題。但濕紙巾的成分容易刺激寶寶皮膚，建議選擇寶寶專用濕紙巾或純水濕紙巾。含有香精成分的濕紙巾會讓皮膚發炎更嚴重，盡量要避免。也可以使用比較厚的紙巾沾水擦拭，取代濕紙巾，雖然比較麻煩，但可以確保不含刺激性的物質。

尿布疹可以預防嗎？居家照護的重點是什麼？

　　在寶寶必須穿尿布的階段，盡量選擇透水透氣性好一點的尿布，就能有效避免尿布疹出現，如果寶寶的皮膚狀態不是很好，建議還是要選用品質好一點的尿布為佳。

　　另外，想盡快恢復肌膚健康，最重要還是要勤換尿布。出生 1 ～ 2 個月的孩子，有時候 1 天至少要換 10 片的尿布。包了一整天尿布的寶寶，臀部會感到悶熱，如果可以沖洗、擦乾後暫時不包尿布，讓屁屁晾一下，短暫的透氣也有助於預防尿布疹。

常見皮膚病 4

傳染性膿痂疹

每到夏天時，總會有家長會帶著小朋友來門診，
因為孩子嘴唇周圍出現許多水泡和結痂。
爸媽難免慌張求解病因，怕是黴菌感染或異位性皮膚炎發作，
其實膿痂疹也是兒科常見病症之一，現在就一起來看看如何預防和治療！

> **主要症狀**：大小不一的水泡，或是紅疹、膿疱，破裂後結痂
> **好發年紀**：3 歲以上
> **好發季節**：夏季

什麼是傳染性膿痂疹？

傳染性膿痂疹是會高度傳染性疾病，通常好發在 3 歲以上的兒童，在臉部、四肢和軀幹，出現結痂或水泡。傳染性膿痂疹主要的病因是金黃色葡萄球菌跟 A 型鏈球菌兩者，尤其在夏季氣候悶熱，容易流汗孳生細菌，或是原本有濕疹、尿布疹等皮膚炎，因搔抓有傷口，導致細菌入侵。

膿痂疹有兩種型態，第一種是比較常見的非水泡型，第二種是水泡型。

非水泡型：常發作於於鼻子和嘴巴周圍，看起來有金黃色的結痂。因感冒擤鼻涕而磨破鼻子週圍皮膚，病菌就乘虛而入，引起疼痛和搔癢感。而小朋友搔抓後，會將病菌帶到身體其他部位，引起二度感染。

水泡型：通常在臉部出現清澈的、薄薄的水泡，很容易破掉，有時也會變得濁濁黃黃的形成膿包。在免疫力低下的病童，因皮膚屏障不佳，金黃色葡萄球菌透過皮膚的縫隙進入血液，細菌分泌毒素破壞皮膚，導致病童全身脫皮，在這個狀況下就必須住院治療，接受針劑的抗生素治療。

怎麼預防傳染性膿痂疹？

因為是高度傳染的疾病，特別是幼兒園群體生活，學生在學校一起玩樂跟飲食，只要透過接觸就會互相傳染，所以最好的預防方法，就是戴上口罩、勤用肥皂洗手，多用酒精消毒。消毒範圍包含雙手、學校使用到的物品。

膿痂疹的居家照護重點

醫師會開立處方箋。只要按照醫囑擦藥，一天兩次，外用藥物包括 FUCIDIN 抗生素，大約使用 3-5 天；如果病童有合併發燒，醫師會開立口服抗生素藥物，療程大約 3-7 天。注意洗澡水的溫度不能過高、如果洗澡時水泡破了，建議擦 NEOMYCIN 外用藥物，再用紗布包紮。水泡大約三天後逐漸變乾，再配合醫師開立的口服藥，第 5-7 天皮膚就會恢復。

常見皮膚病 5

蕁麻疹

蕁麻疹就像一陣風吹過，
疹子就迅速又猛烈地一塊一塊的浮出來，癢到難以忍受，甚至影響睡眠。
雖然症狀看似很快能平復，卻也容易捲土重來。
究竟該怎麼注意寶寶的狀況，來避免這個擾人的症狀呢？

主要症狀：皮膚發癢、紅腫、一塊塊的皮疹
好發年紀：任何年紀
好發季節：任何季節，尤以季節交替時

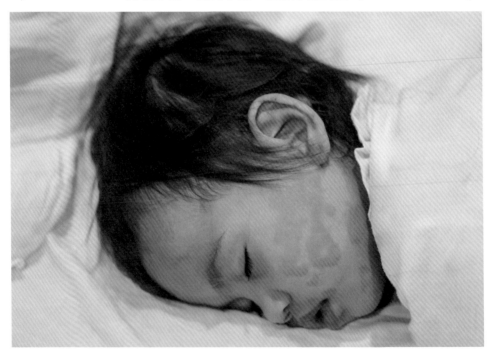

什麼是蕁麻疹？
為什麼會出現蕁麻疹？

嬰幼兒的蕁麻疹的原因，與食物過敏較少相關，大部分跟病毒感染有關，例如感冒病毒感染後，誘發全身免疫反應，導致全身發癢，常見有因黴漿菌感染、腺病毒感染而引起。

隨著年齡增加，吃的食物種類變多，蕁麻疹發作就會與飲食有關。

一般食用新鮮的食物較不會引起蕁麻疹，例如新鮮水果、蔬菜等。

但如果是加工製成的加工品，例如芒果乾，因為可能含有添加劑，就容易引起過敏反應。另外海鮮、雞蛋，花生醬等，若以前沒有接觸這些食物，就容易引起過敏。根據醫學研究，如果對牛奶過敏，通常喝羊奶也會有很高的機率過敏。

除了食物影響外，塵蟎等環境中的過敏原也是誘因之一。如果家裡有養貓狗寵物，對貓狗的毛屑過敏，也會引發蕁麻疹，本身有過敏體質的人更容易。其他誘因如吹到冷風、運動流汗、情緒緊張，或天氣太熱，特別在炎熱天氣的戶外待 1 ～ 2 小時，蕁麻疹就有可能發作。

蕁麻疹有分急性與慢性兩大類。急性蕁麻疹大部分是過敏反應，例如對食物過敏、藥物過敏或環境過敏。

如果三更半夜發作，且聲音沙啞，建議盡快就醫，因為嚴重過敏蕁麻疹，會誘發氣管緊縮，導致大腦缺氧，在短時間內發生休克。

蕁麻疹怎麼治療？

目前治療蕁麻疹的藥物，包含口服或針劑。針劑型的藥物藥效較快，特別針對蕁麻疹較嚴重的病童，至於症狀相對輕的，口服藥物即可。

急性期的時候，醫師會開立抗組織胺的藥物。抗組織胺的藥物包含第一代及第二代的藥物，也有短效與長效的劑型。

如果蕁麻疹的程度較嚴重，全身起皮疹，影響到睡眠品質，醫師會開立短效的口服類固醇 Prednisolone 。

第一代的抗組織胺的藥物是傳統的抗組織胺藥物，例如 cyproheptadine，服用後會比較想睡覺，如果同時有發燒、活力低下的症狀，抗組織胺的劑量會適度減量，在病童服用後，需要觀察寶寶的活動力；

第二代的抗組織胺的藥物，例如 cetirizine、desloratadine，比較沒有嗜睡的副作用，白天可服用短效的藥劑，夜晚可以使用長效的抗組織胺的藥物，讓睡眠品質穩定，身體可以較快恢復。

另外，如果是慢性蕁麻疹，慢性蕁麻疹的定義是反覆出現超過 6 個禮拜，並且每隔一段時間就發作，搔癢，嚴重影響生活，原因包括穿緊身褲、背負太重或肩帶太緊的皮包、戴手錶等行為。慢性自發性蕁麻疹是最難治療的，大部分病患找不到病因，必須長期以口服抗組織胺來控制病情。

加工過的堅果
比較容易引起過敏嗎？

是的。比起新鮮的花生，加工過的花生添加了過多色素及添加劑。

根據醫學研究，堅果過敏的排行榜，第一名是花生、第二名是杏仁果，第三則是芝麻。例如高溫烘烤或油炸過花生，又加上糖漿，所造成的過敏是最嚴重的。

可以訓練自己的免疫力嗎？

可以。透過極少量，定時給予特定食物，我們的免疫力經過低劑量、逐漸訓練之後，就不會對特定食物產生過敏反應。台灣有醫學中心有專門治療雞蛋過敏的醫療機構，從最初的 1/16 顆雞蛋，逐步增加，經過免疫藥物加上食物的訓練，病人終於對雞蛋不會產生過敏反應。在訓練過程中，免疫專科主治醫師及團隊會在病患旁觀察病患全身的皮膚的過敏症狀，並備有急救藥物。

有過敏體質的人，攝取少量的食物，就有可能導致過敏性休克。因此醫師建議不要在家裡嘗試這種人體實驗，務必在大醫院及醫療團隊下才能進行以上的食物減敏療法。

怎麼照顧有蕁麻疹的孩子？

首先，要找出什麼是誘發因子。環境是否有過敏原、冷熱變化等等，先排除引起過敏的源頭。

萬一蕁麻疹發作，洗澡水盡量用攝氏 34 ～ 37 度的常溫水，避免溫度過高而讓血管過度擴張，導致蕁麻疹更紅更癢，或是直接改以擦澡的方式。

不建議有絨毛玩具，因為絨毛玩具容易卡灰塵，多為塵蟎溫床，盡量選擇好清洗的布偶，家中可以減少就減少。

蕁麻疹可以預防嗎？

可以寫食物日記，紀錄寶寶一週吃的食物，比如吃了哪一家的滷蛋、豆干後有的反應等等，建立過敏反應的數據。基本上，要避免孩子接觸辛辣和不新鮮的食物，穿著棉質且不過度貼身的衣服、不穿戴飾品。另外，保持環境在宜人的濕度和溫度都有幫助。

異位性皮膚炎

原本水嫩的寶寶肌，開始出現一片一片紅紅的、摸起來粗粗的樣子時，
就要擔心寶寶是否是異位性皮膚炎了。由於這並非暫時的皮膚問題，
為了避免讓孩子的皮膚炎惡化，請家長要耐心積極地預防和照顧。

主要症狀：頭頸部、雙頰跟頭頂有明顯泛紅、脫屑的現象
好發年紀：出生滿 3 個月嬰兒～青少年
好發季節：無特定時間

罹患異位性皮膚炎的原因？

異位性皮膚炎就像高血壓、糖尿病一樣算慢性疾病，是會反覆發作且嚴重發癢的一種濕疹。異位性皮膚炎也可能合併結膜炎、過敏性鼻炎、氣喘及焦慮、憂鬱、注意力不足過動症。

發生原因與遺傳，以及環境中空氣汙染有關。如果是家族遺傳，有的會合併鼻子過敏、眼睛過敏，以及氣管過敏。如果是環境因素，則會因不同患者而有所差別，包含溫度、濕度變化，或是情緒、壓力引起，有的則會因為食物引起。台灣最常見的過敏原是塵蟎、蟑螂、黴菌、花粉等等，會導致異位性皮膚炎發作。

異位性皮膚炎長怎樣？

大約有 60％病患在 1 歲前就會出現異位性皮膚炎，多在頭頸部，尤其是雙頰跟頭頂，會出現明顯泛紅、脫屑的現象，在頭頂部位有可能形成黃色濃痂，而約有 90％的人會在 5 歲前出現。

異位性皮膚炎有典型的好發的位置，在嬰兒的臉部、四肢內側，膝蓋後側、腳踝，而 2 ～ 5 歲兒童則是四肢外側，摸起來乾燥又粗糙。

診斷異位性皮膚炎，根據皮疹出現的部位，反覆皮疹發作，再加上醫師的經驗就可以診斷。加上輔助的驗血免疫球蛋白 E 的指數，若數值越高，皮疹大部分越嚴重。

如何避免異位性皮膚炎發生？

皮膚上有稱為「聚絲蛋白」的身體屏障，可以想像城堡城門，如果門沒關緊，代表表皮的屏障不完整，外面的過敏原就會進入體內，而體內的水分也會往外流失，導致皮膚乾燥粗糙。當屏障沒有發揮作用，就如同城堡在燃燒，體內會有許多發炎反應。所以，首要戰略就是要消滅皮膚上的壞菌群，再來要減少發炎，避免白血球太過亢奮而產生自體免疫攻擊。

有異位性皮膚炎的小朋友可以游泳嗎？

建議在皮膚狀況較好的時候游泳。游泳是一種有氧運動、可以保持身心舒暢，而且游泳池裡面就有漂白水可以達到消毒的作用。游泳的時機，要依當時的身體皮膚的狀況，如果當下皮膚發炎嚴重，或是傷口流膿時就不適合，建議先把皮膚急性發炎先治療好再恢復游泳。

過敏到底可不可以根治？

要看疾病的嚴重程度。有的症狀很輕微是有機和平共處的，比較嚴重的病患，推薦目前有生物製劑，效果不錯。

異位性皮膚炎跟年紀有關？

大人罹患異位性皮膚炎的發生機率大概是 5％，小朋友大約是 10％。

要怎麼照護異位性皮膚炎的孩子？

這個疾病特別癢，導致孩子會睡不好、注意力低下、憂鬱等等。爸媽務必讓孩子按時吃藥、擦藥，患部要勤擦保濕乳液來預防乾燥。

一旦皮膚摸起來粗糙，就可以知道皮膚正在發炎，必須盡快到診所找皮膚科醫師或者兒童過敏科醫師治療，且請不要因為害怕而避免用類固醇。只要經過專科醫師的嚴格監控與建議，類固醇其實並不可怕。

還有，要選用適合的乳霜或是乳膏做加強保濕，挑選重點是必須足以提供保護屏障的保濕產品，通常夏天可以用乳液，秋冬則是乳霜。建議 1 天至少要擦 4 次，可以有空就擦，確定皮膚持續保濕。

感冒

平常精神奕奕、活動力十足的孩子，
生病時軟趴趴的模樣一定讓爸爸媽媽十分心疼！
感冒，是兒科很常見的呼吸道感染病症，
該如何預防和照護感冒中的孩子也是家長一定會面臨課題之一。

主要症狀：發燒、咳嗽、流鼻涕、喉嚨痛，大概持續 7-14 天
好發年紀：5 歲以下的兒童更容易，每年可能 5 ～ 10 次
好發季節：秋冬

為什麼孩子會感冒？

有好幾百種病毒會引起感冒，其中最常見的是鼻病毒，但引起的反應多為輕症感染，常見的症狀有發燒、咳嗽、流鼻涕、鼻塞、喉嚨痛等。這些呼吸道病毒比較喜歡冷的環境，所以感冒也好發秋冬兩季，我們通常也會發現，台灣進入秋冬季節後，感冒的人口就會增加。另外，上托嬰或幼兒園的孩子，可能因為有更多接觸者，其感冒次數會更多。

要怎麼治療感冒？

老實說，感冒並沒有特效藥，醫生也只能針對發燒或咳嗽的症狀開緩解的藥物，主要是居家照護後讓孩子多補充水分、多休息，慢慢讓身體恢復。

另外要留意，當孩子持續發燒超過三天都未退燒，精神活力變差，或是呼吸變得急促、費力（每分鐘吸吐大於四十次，嬰兒六十次，伴隨著胸凹或肋凹），有可能併發周遭器官發炎，例如呼吸費力加上濃痰，可能是肺炎或支氣管炎，若黃鼻涕超過十天可能有鼻竇炎，反覆發燒加上耳朵疼

痛可能是中耳炎，這個時候需要參考個別症狀治療。

實居家的照護重點跟上述都是一樣的，讓孩子的身體變強壯，絕對是上上之策。

感冒可以預防嗎？

感冒通常是因為咳嗽時噴濺的飛沫傳染，所以會建議在秋冬流行季節要戴口罩，出門在外要避免用手去碰眼睛、鼻子和嘴巴。最重要的就是提升自體的免疫力，日常的飲食要均衡，攝取充足的營養，並維持足夠且品質良好的睡眠。當孩子感冒了，其

另外，感冒了就趕快補充維他命 C 的想法已深植人心，但是，已有國際研究證實，維他命 C 是無法預防和治療感冒的，過量攝取反而對身體有害，維他命 C 可以幫助身體促進傷口癒合和提升免疫力，建議可由天然的蔬果中攝取即可。

常見呼吸道疾病 2

扁桃腺炎

許多時候也被叫做扁桃腺化膿，不論是細菌或病毒都有可能引起扁桃腺炎，不過大概有九成都是病毒造成，多為手口接觸到帶有病毒的玩具或桌面，當孩子有高燒合併喉嚨痛、食欲不振時，是扁桃腺炎的機率很大。

主要症狀：發燒、喉嚨痛、咳嗽
好發年紀：細菌型多發於 3 歲以上，病毒型皆有可能。
好發季節：無

什麼是扁桃腺炎？

扁桃腺炎和感冒類似，都是透過飛沫傳染，在咽喉處兩塊扁桃腺體的地方出現腫脹或化膿，常見的症狀是發燒跟喉嚨痛，其他症狀或病程則依不同致病菌而不同。

細菌型和病毒型的差別？

90% 的扁桃腺炎都是病毒所引起，包含常見的腺病毒，EB 病毒等，症狀除了發燒，還有咳嗽、紅眼症和鼻涕等等，整體反應類似感冒症狀，病毒性的扁桃腺炎沒有特效藥，只能緩解症狀的不適感，平均來說，病程大概會持續一個禮拜。而剩下的10% 為細菌型的扁桃腺炎，大部分是

A 型鏈球菌感染，細菌引起的扁桃腺炎需要用抗生素治療。而 A 型鏈球菌扁桃腺炎的特徵會有：一、多發於 3 歲以上。二、喉嚨痛伴隨頸部淋巴結腫脹。三、容易併發皮膚的特殊疹子，例如草莓舌和沙皮疹，又稱為「猩紅熱」。

怎麼照顧扁桃腺炎的孩子？

患有扁桃腺炎的孩子因為扁桃腺體膿腫，會有喉嚨痛跟咳嗽的狀況，比較沒辦法攝取正常的食物，這個時候建議可以吃粥等流質食物，並在家讓身體多休息。和感冒一樣，居家照護時，孩子若出現三天以上的發燒、呼吸急促或費力、活力和食欲明顯下降時，就要帶到醫療院所檢查。

常見呼吸道疾病 3

支氣管炎／細支氣管炎

細支氣管炎是 2 歲以下的寶寶常見的呼吸道疾病之一，
常發生於 10 月到隔年 3 月，發生率會隨著孩子的年齡的增加而下降。
支氣管炎沒有特效藥，所以爸爸媽媽有著從旁協助孩子減輕症狀的重要角色。

主要症狀：發燒、咳嗽、流鼻水以及喘鳴聲
好發年紀：兩歲以下為細支氣管炎，兩歲以上為支氣管炎
好發季節：冬春

什麼是支氣管炎／細支氣管炎？

呼吸道到了氣管後就會分成支氣管再到肺部，當支氣管這一段發炎的時候就稱為支氣管炎，屬於下呼吸道感染。在兩歲以下的幼兒，支氣管尚未發育完全更細小，所以兩歲以下的孩子如果這個部位發炎，則稱為細支氣管炎。有許多病毒可能造成感染，五成以上多為「呼吸道融合病毒」所引起的。

兩者的症狀分別為何？

細支氣管炎的症狀跟感冒很像，發燒、咳嗽、流鼻水都有，當醫生胸部聽診時會有咻咻咻的喘鳴聲，並出現呼吸急促（每分鐘吸吐 40 下／嬰兒為 60 下）跟呼吸費力，有胸凹跟肋凹的狀況。

支氣管炎在聽診時有痰音，同為病毒感染。主要會有帶痰的劇烈咳嗽，多發於三歲以上的幼兒。不過，搭配多喝水和化痰藥，居家照顧吃藥就可以改善。另外提醒一點，若孩子本身就有敏感型氣管或氣喘，感染支氣管炎時，可能會誘發氣喘發作，加重病情。

患有（細）支氣管炎怎麼辦？

年紀較小的幼兒感染（細）支氣管炎，容易出現吃不好、睡不好、發燒、呼吸急促或費力，此時醫生就會建議住院。病程可長達兩週，也因為沒有特效藥，住院時會以補充水分（喝水或點滴）為主，並搭配濕氣或蒸氣的治療。

肺炎

不論是病毒或細菌引起的肺炎，起初都是由感冒的症狀開始的，例如咳嗽、流鼻水和打噴嚏。進展成肺炎後，會出現發燒和呼吸費力等情況，嚴重可能會意識不清和休克，需要細心照料才能康復。

主要症狀：高燒、咳嗽，呼吸急促且費力
好發年紀：無特定年紀
好發季節：無特定時間

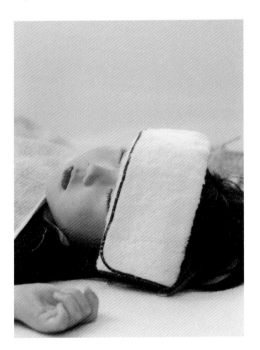

什麼是肺炎？

在呼吸道最末端是大量的肺泡組織，負責人體交換氧氣和二氧化碳的場所，當病菌造成呼吸道感染，惡化至肺泡組織而產生化膿或發炎時，稱為肺炎。醫師會透過生病的過程、胸部的聽診、和胸部 X 光片來診斷。

肺炎分為典型肺炎跟非典型肺炎兩種。典型肺炎就是細菌性肺炎，不論是發燒、咳嗽、呼吸費力的狀況、以及抽血檢驗的白血球和發炎指數、和胸部 X 光片的表現都會比較嚴重，需要住院治療。

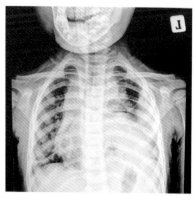

典型肺炎的胸部 X 光

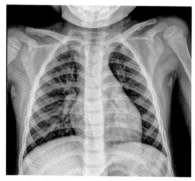

非典型肺炎的胸部 X 光

非典型肺炎的致病菌有兩類，一為病毒性的病菌，包括流感、呼吸道融合病毒等等都會侵犯到肺部，像是引起大流行的 SARS 以及 COVID-19，也都屬於病毒引起的非典型肺炎，嚴重程度可輕可重，要依當下的狀況來判斷；第二類是肺炎黴漿菌引起，大概佔 20%，這是特殊的病原體，臨床症狀比起細菌性肺炎較為輕微，部分感染者可以自行恢復或口服藥治療即可。

為什麼會罹患肺炎？

肺炎通常是感冒過後的嚴重併發症，通常前一兩天的症狀就像感冒，但會漸漸出現呼吸急促、呼吸困難跟高燒不退。

肺炎該怎麼治療？

當孩子出現呼吸急促的症狀時，醫師會判斷是否為支氣管炎、細支氣管炎或是肺炎。若輔助 X 光片及抽血診斷後，結果為典型肺炎（細菌性肺炎），基本上都需要住院合併抗生素治療；若為非典型肺炎（病毒性肺炎），症狀輕微的話可以在家照護，一樣給予足夠的營養及水分補充，有痰都要盡量輔助幼童咳出來。

若是診斷為肺炎黴漿菌感染，會造成慢性咳嗽，持續一到兩週，肺炎黴漿菌感染可以使用口服巨環黴類抗生素來治療，相當方便，但目前台灣治療肺炎黴漿菌藥物的抗藥性已逐年上升，必須和醫師討論過後再使用。

台灣自民國 104 年起，陸續規劃 0-5 歲幼兒接種 13 價肺炎鏈球菌疫苗，在疫苗的保護下，目前幼童感染嚴重肺炎的機會已減少一半以上，再次提醒家長要準時帶幼童接受完整的肺炎疫苗施打。

常見呼吸道疾病 5

氣喘

嬰幼兒的氣喘不好診斷，但卻是常見的慢性疾病，
也是孩子急診住院的主要原因。在台灣，每 4-5 個兒童就有 1 人罹患氣喘，
當爸爸媽媽可以更加認識這個疾病，才能有效了解幫孩子預防和及時治療。

主要症狀：咳嗽、喘鳴聲、呼吸急促

好發年紀：3 歲以上

好發季節：無特定時間

什麼是氣喘？

氣喘不是由病菌造成的，而是一種過敏性疾病。有一部分是因為遺傳，另外加上環境中過敏原的刺激，反覆造成呼吸道慢性發炎。

氣喘發作的症狀？

典型氣喘會反覆咳嗽，在吐氣時會有咻咻的喘鳴聲（台語的痠响，he-ku），呼吸急促，嚴重時會有呼吸困難，甚至會危及生命。非典型的氣喘症狀則是晚上睡覺會一直咳嗽，或是劇烈運動時會出現咳嗽。

為什麼氣喘會發作？

主要是因為呼吸道發炎，加上呼吸道的平滑肌不正常收縮，以及部分氣道阻塞，以上三者加起來就會造成氣喘。

當環境中一旦出現自己的過敏原時（例如：花粉、塵蟎、寵物毛屑等等），或受到冰水、冷空氣、汙染的空氣（PM2.5）或二手菸刺激，以及各種呼吸道的病原菌，也都會成為誘發氣喘的原因。

怎麼知道孩子有氣喘？可以預防嗎？

氣喘是一種慢性的發炎症狀，儘量在幼童 3 歲前做好防護。例如母奶內含有許多保護因子，建議嬰兒期的飲食以母奶優先，可以提升寶寶的免疫力。再來就是減少環境中過敏原的刺激，經研究發現，若兩歲之前幼童呼吸道受到長期反覆的刺激，常常感染細支氣管炎，在 3 歲之後出現氣喘的機率就會提高。

若想確認孩子是否有氣喘，6 歲以下的幼童比較難診斷，因為不容易進行肺功能測試，需要嚴謹判斷是否為氣喘，或只是單純的一次呼吸道感染。醫師會透過詳細地詢問病史，例如是否每次感冒都會出現呼吸費力或喘鳴的症狀，加上家族成員是否有過敏遺傳的問題，以及用抽血檢驗過敏原來輔助檢測；而 6 歲以上的孩子，除了上述的診斷條件外，還可以做肺功能測試，來準確評估氣道的發炎狀況。一旦經醫師診斷為氣喘後，就必須作更嚴格的環境過敏原控制，以及搭配氣喘嚴重程度給予藥物的治療，避免繼續惡化。

那要怎麼控制氣喘，降低發生機率呢？

父母聽到孩子被診斷氣喘後，千萬別灰心，在 3-5 歲出現氣喘的小孩，在適當的照顧下，有一部分的人到小學後會緩解。另外，我們可以用以下 4 點來降低發生機率。

1. **控制環境**：移除過敏原。台灣的環境幾乎九成都是塵蟎，可以透過加強寢具的清潔、曝曬或購買防塵蟎的寢具來隔絕塵蟎，避免養寵物（在確定寵物毛屑是過敏原時）和接觸二手菸，並使用空氣清淨機來淨化環境。在戶外時建議要戴口罩。

2. **控制飲食**：減少攝取加工、冰涼等刺激性的飲食。

3. **良好生活習慣**：維持充足睡眠，並適度運動。

4. **學會藥物控制**：藥物的選擇和使用請依照醫師的醫囑，切勿自行增減劑量。通常吸入型的類固醇一天可使用 1 到 2 次，類固醇劑量低且代謝快，不用擔心造成身體副作用；睡前吃的欣流，是目前輕度氣喘病患最普遍使用的藥物，依個別的狀況斟酌用量；最後需要隨身備有氣喘急性發作時使用的吸入型速效支氣管擴張劑。

眼睛紅、揉不停、鬥雞眼！
常見眼睛疾病 1

結膜炎

孩子一直揉眼睛？寶貝最近看起來就像紅眼的小白兔嗎？
這些反應可能就是結膜炎在搞怪！結膜炎是小兒常見的眼睛疾病，
尤其是過敏兒發作時容易出現眼睛癢、紅腫的問題！

主要症狀：眼睛癢
好發年紀：無特定年紀
好發季節：無特定時間

什麼是結膜炎？
結膜炎的成因是什麼？

當孩子眼睛的眼白處出現血絲，或紅紅腫腫的就可以稱為結膜炎。引起結膜炎的原因大概有 4 種：

1. **細菌型結膜炎：** 是細菌感染引起的結膜炎，多好發於嬰兒期，因嬰兒眼睛結構發展尚不完全，皮膚表皮的細菌容易跑進去。除了眼白發紅之外，眼屎和分泌物會比較多，症狀通常由其中一隻眼睛開始，然後感染到另一眼，通常只要按照醫師處方點眼藥水，就能慢慢痊癒。

2. **病毒型結膜炎：** 常伴隨感冒症狀一起出現，或是因為感染腺病毒及腸病毒引起結膜炎。症狀為眼睛紅紅的，少有分泌物，可能有發燒症狀。通常只要感冒等病毒感染的症狀治療完全後，結膜炎就會跟著痊癒了，且這類型的結膜炎不需要特別點眼藥水。

3. **刺激型結膜炎：** 通常是因為睫毛倒插或有小蟲跑進眼睛，那樣的不適感會下意識把眼睛越揉越紅，這種狀況不需要太擔心，只要處理掉外來刺激物就沒問題了。

4. **過敏型結膜炎：** 這個類型的結膜炎症狀主要為眼睛發癢、眼淚很多，通常是伴隨著過敏性鼻炎發作的，

如果想要治癒過敏型結膜炎，除了眼藥水的使用，更要一起治療過敏性鼻炎才行。

有預防結膜炎的方法
或居家照顧重點嗎？

不論孩子是出現了哪一種類型的結膜炎，都要提醒孩子盡量不要再去揉眼睛，且家中成員要避免共用毛巾，才不會有二次感染。當然，養成日常勤洗手的良好習慣，在手不乾淨的前提下，都不要碰觸眼睛是最好的預防方式。

常見眼睛疾病 2

斜視／弱視

通常孩子的視力會在 3-4 歲開始發展，所以在孩子的成長過程中，
給予不同顏色、立體感等刺激有助於孩子成熟發展視力。
以下討論孩子比較常見的斜視與弱視，讓爸媽能及時發現及應對。

主要症狀：雙側眼球不對稱，無法對焦

好發年紀：6 個月內

好發季節：無特定時間

CH.2

好發於 0 ─ 3 歲寶寶的 31 種疾病預防處理對策

什麼是斜視？

　　兩眼位置排列不正常，沒辦法同時注視一個目標。通常其中一眼視線是正常的，而另一眼可能偏向內側或外側，如果往內稱為內斜視，也是常講的鬥雞眼；如果往外則為外斜視。甚至也有視線偏向上方或下方的，稱為上下斜視。

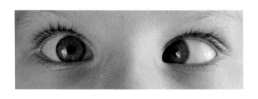

要怎麼知道寶寶有斜視呢？

　　斜視大部分都是先天的。但因為六個月以下的寶寶還在發育，通常會等到六個月後再確認，若眼睛還是有異常，要請眼科醫師評估，確定診斷斜視後，要盡速進入矯正治療。另外，在家也可以做簡單的判斷，像是用手機對著寶寶的臉拍一張照，來查看孩子瞳孔反光點是否都在正中央，如果一眼的對焦偏移了，就可能有斜視的疑慮。如果發現有斜視的問題，請盡快找眼科醫師檢查治療，否則因為某一眼持續未使用容易退化為弱視。

什麼是弱視？

　　因為視力發育不良導致眼睛無法發揮正常功能，就稱為弱視。通常有兩種原因，一是由沒有即時矯正治療的斜視轉變而成的，另一個原因則是有先天性的白內障，導致一直無法正常使用眼睛。再來有可能是因為從小就有高度近視或閃光，沒有留意到耽誤了矯正時間，也會變成弱視。

弱視可以治療嗎？

　　基本上，6 歲以前為弱視的黃金矯正期。若孩子出現弱視的疑慮，建議及早帶往眼科診所評估治療。

　別再為寶寶「耳朵痛、紅鼻子」而煩惱！
常見耳鼻疾病 1

中耳炎／外耳道炎

耳朵內部一但受傷會影響聽力，因此感冒併發的中耳炎也不可輕忽！
另外也有外部引起的外耳道炎，會導致耳朵疼痛，
兩者都會造成孩子日常的不適感，以下一起來了解看看。

主要症狀：發燒、耳朵疼痛
好發年紀：2 歲以下
好發季節：無特定時間

什麼是中耳炎？

中耳炎就是中耳腔的感染，是病菌從咽喉，經由耳咽管到中耳腔的發炎。好發在 2 歲以下的幼兒，也是感冒後容易出現的併發症。

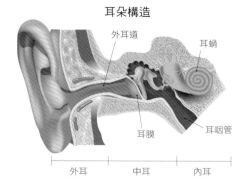

耳朵構造

外耳道　耳蝸
耳膜　耳咽管
外耳　中耳　內耳

耳朵進水會引起中耳炎嗎？

有些爸爸媽媽得知孩子有中耳炎後，會擔心是不是自己不小心讓水進入孩子的耳朵引起的，其實從外耳進入的異物不會造成中耳炎，大部分都是因耳朵內部，甚至是鼻腔或咽喉處的病菌引起發炎。

要怎麼知道孩子有中耳炎？又該怎麼治療呢？

中耳炎的標準診斷條件為發燒、輕輕拉耳朵會痛，另外醫生會用耳鏡觀察耳膜是否發紅或中耳積液的狀況。

因為耳朵的構造複雜，且跟聽力

及平衡相關，所以一旦發現感染中耳炎就需要積極治療，服用抗生素治療 7 到 10 天，若高燒會建議住院治療，若有中耳積水、積膿會請耳鼻喉科做中耳引流術。

可以預防中耳炎發生嗎？

根據研究結果，避免接觸二手菸可以降低中耳炎發生的機率，再來是建議未滿 1 歲的孩子盡量優先攝取富含保護因子的母乳，嬰兒期喝奶時建議維持一個適當的角度，或墊一顆枕頭來取代平躺。最後，務必按時接種公費肺炎鏈球菌疫苗，來預防最容易引起中耳炎的病菌感染。

什麼是外耳道炎？可以避免嗎？

外耳道炎像是延伸的皮膚感染，通常是因為外耳道的皮膚受傷，例如指甲摳到或掏耳朵誤傷造成，耳朵會出現疼痛感，也可能有異味。這個情況只要透過耳藥水就可以治療，並留意避免用手挖耳朵，保持耳朵乾燥即可。如果有使用棉花棒的習慣，要注意不要太深入耳道，會比較容易受傷。

常見耳鼻疾病 2

鼻竇炎

孩子感冒好久都還沒完全康復嗎？如果鼻涕型態轉換成黃黃綠綠的樣子，
就要擔心可能是鼻竇炎了，嚴重的話可能會造成死亡。
這個常耳聞的疾病到底是什麼？一起來看看要怎麼預防和治療。

主要症狀：濃鼻涕、鼻塞、眼睛周圍腫脹感、頭痛、咳嗽

好發年紀：無特定年紀

好發季節：無特定時間

什麼是鼻竇炎？

是感冒後常見的併發症之一，因為感冒導致鼻竇處的黏膜受損而脆弱，延伸的二次細菌感染。鼻腔周圍的骨頭空腔有細菌進入感染後積膿，就會造成鼻竇炎。大部分的鼻竇炎症狀是慢性咳嗽，加上有臭味的黃鼻涕。鼻竇炎和感冒、過敏不一樣的地方是鼻腔，也就是鼻周圍容易有疼痛或腫脹的感覺，且鼻涕多為黃色、綠色的濃稠狀，也會有鼻涕倒流的現象，整個病程的時間也比較久，常常反覆感染，不易痊癒。

怎麼知道寶寶有鼻竇炎呢？

如果在家出現黃鼻涕或是鼻涕倒流，引起咳嗽超過十天以上，或是感冒緩解之後又惡化的濃鼻涕，同時伴隨著再度惡化咳嗽，就要懷疑是鼻竇炎了。就診時，有些醫師會以鼻竇處 X 光片輔助診斷，來評估鼻竇腔中是否產生積液。

怎麼舒緩鼻竇炎的不適感呢？

通常醫師會使用一個禮拜的抗生素治療，在家務必多喝水、定時吃化痰藥來清除鼻涕。若小朋友可以配合的話，可以透過蒸氣或洗鼻器之類的物理治療來清洗鼻竇。

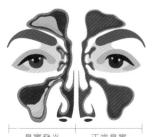

鼻竇發炎　　　正常鼻竇
（膿鼻涕）

常見耳鼻疾病 3

過敏性鼻炎

過敏性鼻炎的症狀和感冒初期很像，不過感冒能吃藥好轉，
過敏則是一場長期抗戰，嚴重可能影響睡眠和注意力。
過敏性鼻炎到底是什麼？該如何應對和照護？一起來了解看看吧。

主要症狀：打噴嚏、流鼻涕、眼睛癢、沒精神
好發年紀：3-5 歲開始
好發季節：季節變換時

什麼是過敏性鼻炎？

過敏性鼻炎與異位性皮膚炎、氣喘為兒童期的三大過敏症，最容易在季節變換的時候引起。這種過敏症多跟遺傳基因相關，通常可觀察到過敏性鼻炎的孩童，其父母或兄弟姐妹間，多數也都有過敏性鼻炎的症狀。

過敏和感冒很容易混淆，感冒是病菌感染造成，除了流鼻涕外，也會伴隨著發燒、咳嗽、喉嚨痛等症狀，容易互相傳染；過敏性鼻炎不會傳染，最常見的症狀就是清清的鼻涕、打噴嚏、鼻塞、和鼻子癢，造成的原因往往是敏感的鼻黏膜反覆受到環境中各類過敏原（例如：冷空氣、花粉、塵蟎、二手菸等）的刺激導致。因為造成鼻子過敏和氣喘發作的過敏原幾乎是一樣的，所以過敏性鼻炎有很大的機率會合併氣喘。

怎麼判斷寶寶是否有過敏性鼻炎？

若孩子在 3 歲前鼻黏膜反覆受到刺激，通常會在 3 到 5 歲時開始出現過敏反應，10 歲前後會是高峰，且容易持續到青少年及成人。

日常可以觀察孩子，如果經常打噴嚏、流清澈透明鼻水，且因為鼻子癢而時常搔抓鼻子時就有可能是過敏性鼻炎了，尤其是在清晨剛睡醒的時候，鼻子突然接觸到冷空氣，以及溫差變化時容易發作，一次發作大概會持續 2 到 3 週。

若想要更確定的檢測，也建議可以在 3 歲後做過敏原檢測。因為免疫細胞就像軍隊一樣，有各自負責的功能，有一部分就是屬於過敏細胞，而 3 歲前的免疫系統會經過不停的訓練，逐漸邁向成熟，只要過程中遭到不好的刺激（感冒病菌或危險因子），過敏細胞就會受到不正常活化，而出現過敏反應。

該如何照顧患有過敏性鼻炎的小孩？

針對鼻子過敏的應對，尤以環境控制最為重要！因為食物為過敏原引起的過敏反應，多表現在皮膚，而過敏性鼻炎則多是由外在環境刺激引起。

建議可以在孩子剛睡醒的時候，用溫毛巾敷一下口鼻，避免直接接觸到冷空氣。如果過敏已經發作了，我們可以透過口服抗組織胺，或是鼻腔類固醇噴劑來緩解。若是日常的控制都難以抑制下來，建議到大醫院做減敏治療，較能達到有效的緩解。

Unit 7　寶寶不喝奶？都是嘴巴裡面的病菌在作怪！
常見口腔疾病 1

鵝口瘡

突然發現寶寶的嘴巴裡面有擦不掉的奶垢嗎？
若孩子口中有一層無法輕鬆去除的白色塊狀，就有可能是鵝口瘡在作祟囉！
不過不用太擔心，只要做好清潔和照顧，不會變成嚴重的大問題。

主要症狀：口腔兩側、舌頭處出現乳酪般的白色斑塊

好發年紀：常見 1 歲以下，尤其好發於 6 個月內的寶寶

好發季節：無特定時間

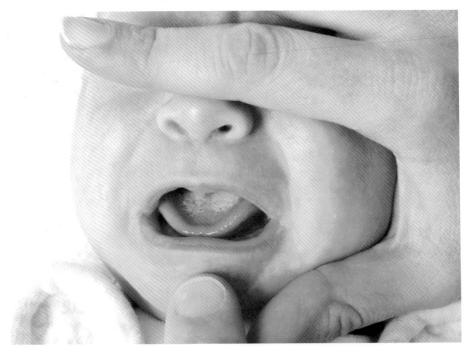

什麼是鵝口瘡？

鵝口瘡是新生兒寶寶很容易出現的疾病之一，是由白色念珠菌感染引起，附著在口腔黏膜或是舌側，越小的寶寶越容易發生。剛開始發現寶寶口腔中微微突起的白點時，很多新手爸媽可能會誤以為是一般喝完奶的奶垢，尤其鵝口瘡也不太會痛、沒什麼異味，一開始可能不好察覺。但與一般容易清潔的奶垢、奶渣不同，如果白點清不太掉就要擔心是鵝口瘡，這個時候請不要用力清理孩子口腔，有可能導致寶寶出血。

為什麼孩子口腔會感染呢？

通常是因為餵食器具被汙染了，進而影響寶寶的口腔衛生環境。常見原因有奶瓶或奶嘴等食器消毒不完全，或是媽媽乳頭有黴菌感染的病灶，也可能是喝完奶的奶塊殘留後滋生黴菌引起的。

怎麼治療鵝口瘡？
居家照護與預防對策

就診後醫師會先用壓舌板清看看，若確定是鵝口瘡後會開口服的抗黴菌藥水或藥粉，回家幫孩子塗抹抗黴菌藥時要留意「塗抹整個口腔」才有比較好的治療效果。這是因為雖然口腔可以用肉眼判斷出白點，但有可能感染範圍已經延伸到咽喉或食道，這些地方是肉眼看不到的，所以建議要每天塗抹全口三到四次，大概一個禮拜內感染狀況就會好轉了。

寶寶在感染鵝口瘡的期間有可能影響食欲，比起平常可能吃的沒那麼好，除了要耐心地陪伴寶寶度過療程，也務必要記得將食器確實消毒、保持口腔清潔才不會反覆感染。

即便是還沒長牙的孩子，喝完奶後仍要用紗布巾沾開水將舌頭口腔擦一擦，減少奶塊停留、滋生黴菌，尤其臉頰兩側與舌側特別容易堆積奶垢。有空的話也可以做一下口腔按摩，注意不要壓到舌根導致嘔吐即可。另外，舌面出現的舌苔是正常的生理現象並非感染，爸爸媽媽不需要特別緊張。

常見口腔疾病 2

蛀牙

嬰幼兒的牙齒生長相當重要，當乳牙沒顧好，恆齒也會長不好，
相對也容易引起發炎問題。尤其有蛀牙問題後續影響很大，
因為一旦將蛀牙拔掉可能使得恆齒沒有空間生長。
所以，將孩子的牙齒照顧好，絕對是避免未來大麻煩的上上之策！

主要症狀：牙齒疼痛、吃不下

好發年紀：長牙後

好發季節：無特定時間

什麼時候要開始留意孩子是否有蛀牙？

寶寶通常在 6 個月後，最晚 1 歲 1 個月以前開始長牙，若超過這個時間還沒長牙的寶寶，為了排除基因性的罕見疾病的原因，要盡速去牙醫診所確認。

如何預防孩子蛀牙呢？

孩子長牙後就要定期看牙醫，每半年到診所塗一次氟來降低蛀牙的機率。即便還沒有牙齒，也要注意口腔清潔。1 歲以前可以用紗布巾幫寶寶擦拭，若長了 4 顆以上的牙齒後，可以改用軟毛牙刷清潔。根據牙科學會建議，開始刷牙後便可以使用牙膏刷牙，3 歲以前牙膏用量只需米粒大小，3 歲以上可增加至豌豆大小。牙膏使用含氟牙膏是安全的，即使不小心吞食也很少會引起腸胃不適。

刷牙有訣竅嗎？

只要好好刷牙、徹底清潔，從小養成良好習慣之後才不會變成麻煩。基本上，讓孩子自己練習刷牙後，爸爸媽媽要確認孩子每顆牙齒都有確實刷到，另外，孩子 2 歲後，或是當孩子牙齒長得比較密集時就可以開始用牙線，因為雖然大部分的乳牙因為要預留空間給之後的恆齒，所以牙縫不會太密合，但牙刷還是難將齒縫清潔乾淨，因此一定要使用兒童牙線棒，使用時讓孩子躺在爸媽腿上，由父母幫忙清潔。

常見口腔疾病 3

齒齦口炎

當爸媽看到寶寶嘴裡出現水泡，難免都聯想到「腸病毒」吧！
但事實上，齒齦口炎的症狀跟腸病毒也很像。
屬於近距離傳染的齒齦口炎，最常容易在大人親吻小孩的過程中傳染給孩子。
為了不小心成為孩子難受的罪魁禍首，請一起來了解這個常見疾病吧。

主要症狀：流口水、吃不下、牙齦紅腫、不想要刷牙、
口臭、疼痛、發燒、口腔水泡
好發年紀：五歲以前
好發季節：無

什麼是齒齦口炎？

齒齦口炎是皰疹病毒感染，由於成人的齒齦口炎表現是嘴唇周圍的水皰疹，多為壓力大引起的，但也有許多無症狀的感染者，如果家中習慣親吻小孩、和小孩共用餐具、接觸到口水，可能無意間讓孩子也中招。

當小朋友開始有不想刷牙的行為，且嘴巴臭臭的、沒有食欲，甚至發燒、口腔出現水泡、常流口水等等就要懷疑是齒齦口炎。就醫時，因症狀雷同的關係，醫生會做腸病毒鑑別診斷。

怎麼預防或緩解齒齦口炎？

醫生會開口服抗病毒藥，視症狀開鎮痛或退燒藥，整個病程大概會持續 7 ～ 10 天，潰瘍才慢慢癒合，但燒退後孩子的不適感通常會好很多。在家要留意孩子是否脫水，或有其他併發症狀，尤其當高燒超過一個禮拜，務必要立即回診。除此之外，正常作息即可。如果孩子真的有進食困難，可以先吃布丁或冰淇淋等冰涼軟質食物來舒緩。基本上維持衛生環境，儘量降低直接親吻孩子的次數即可。

Unit 8 如果寶寶尿尿會痛、出現紅腫、反覆發燒……
常見生殖疾病 1

泌尿道感染

寶寶發燒的原因百百種，其中泌尿道感染為最常見的成因之一。
如果孩子突然出現高燒、活動力下降卻沒有其他感冒症狀的話，
就有可能是泌尿道感染引起的身體不適囉！

主要症狀：發燒、肚子痛、拉肚子、尿液味道跟色澤改變、
尿布上有分泌物、尿中有血
好發年紀：1 歲前男女寶發生機率差不多，1 歲後常發生在女寶
好發季節：無

什麼是泌尿道感染？

孩子泌尿道感染的原因跟大人水喝太少、憋尿而引起的感染不太一樣。一個月以前寶寶的泌尿道感染，有的會合併先天結構異常，例如馬蹄腎、雙套腎、尿路逆流或阻塞等；有的則是先天不良加上後天環境，例如和沾染尿液糞便等等，造成細菌有機會從尿道口往上感染。

泌尿道感染有一個黃金標準，即是在小便中驗出符合的細菌，且菌落數符合採樣標準。

另外，有的時候會發現寶寶的尿布出現粉紅色的尿酸結晶，通常是脫水引起，並非泌尿道感染的症狀，必須觀察孩子是否有輕微脫水狀況。而女寶在出生後幾天可能有「假性月經」的情況，導致尿布上有血跡，這是因為胎盤中的母體荷爾蒙影響的暫時現象，只要等候其自行排除乾淨就好了。

孩子有泌尿道感染後會有什麼症狀？

最常見的是孩子有發燒症狀帶來看醫生，檢查時才發現是因為泌尿道感染引起的。1 歲前的寶寶若有泌尿道感染，會有明顯高燒，或是因黏膜上皮被破壞而尿中有血，也可能會合併腎臟發炎，並且有機會反覆感染，通常醫生都會做進一步的檢查，若反覆多次泌尿道感染，兒科診所有可能會轉介給醫院做更仔細的檢查。而 1 歲後的泌尿道感染，症狀主要是頻尿、下腹痛、反覆尿床等等，不過尿床有很多因素，考量到結構異常的問題會轉由腎臟科檢查。

如何照顧泌尿道感染的孩子？

依嚴重程度大概要使用 1-2 週的藥，並維持生殖器及其周圍的清潔，減少反覆發生感染。如果有合併結構異常，例如腎水腫，之後可能需要進一步檢查、定期追蹤及使用預防性抗生素。

可以避免孩子出現泌尿道感染嗎？

要注意 1 歲前的寶寶生殖器周遭的清潔，因為包著尿布容易可能會有逆行性感染，建議在為寶寶更換尿布的時候，用溫毛巾或濕紙巾以由前往後的方向擦屁股，且避免來回重覆擦，減少細菌進入尿道的機會，尤其男寶若是包莖狀況要特別注意清潔。

當然，戒除尿布後，減少生殖器與排泄物接觸的機會就能大幅降低引起泌尿道感染。

常見生殖疾病 2

包莖、龜頭包皮炎

在家長圈時常流傳為了減少龜頭發炎、降低泌尿道感染，
或是避免包莖等原因要盡早幫兒子割包皮。不過在替孩子進行一項手術之前，
先來了解看看這兩者病症的原由，考量評估後再決定也不遲！

主要症狀：包莖可能是尿尿時陰莖前端會鼓成小氣球狀。
龜頭包皮炎會尿尿疼痛，包皮跟龜頭紅腫，
包皮推不下來，甚至會有分泌物、尿中有血
好發年紀：包莖常見於 3 歲前的男寶；
龜頭包皮炎好發於 2-5 歲男寶
好發季節：無特定時間

包莖屬正常狀況
7歲前皆不必擔心

其實大家會以為包皮過長一定會包莖，事實上只要可以輕鬆推開包皮露出龜頭就不算有包莖問題。包莖指的是「包皮推不下來」，但也有程度之分，有的人是只能露出一點點龜頭，有的是包皮過緊而完全露不出龜頭。這尤其在3歲前很常見，因為3歲前包皮龜頭容易沾黏，且硬去推拉很容易出現裂傷，所以並不建議在3歲前過度硬推。除非已經有泌尿道感染的問題，才會積極做預防處理，通常7歲以前9成的包莖都會自行改善。否則基本上只要每天清潔即可，不用過度緊張。

良好的衛生習慣
即可避免龜頭包皮炎

如果孩子反應解尿的時候會痛，外生殖器看起來紅腫、滲出組織液，或已經有臭味等等，可能要特別注意龜頭包皮是否已經發炎了。

龜頭包皮炎多起因於衛生問題，有的是因為包皮清潔不完全，長期累積了汗垢和分泌物，就會引起龜頭包皮炎，這時才會積極治療包莖。

另外，因為3-6歲的孩童正處於性器期，會有不自覺碰觸性器官的動作，雖然屬於自然發展的情形，但也因為手部細菌多，容易引起局部感染，因此家長需要採取適當的應對，讓孩子自然而然轉移注意力。

包莖可以治療嗎？
一定要割包皮嗎？

我們會建議用類固醇藥物緩解包莖情形，擦在包皮跟龜頭的開口，讓包皮軟化後，就比較容易推開，每天洗澡的時候務必推下來清洗，就會慢慢改善包莖及發炎的情形。

另外，除了已經引起嚴重的發炎情形，例如龜頭包皮炎、泌尿道感染等等，醫師才會為了降低發生泌尿道感染的發生率，提出割包皮的建議，否則日常狀況下，通常不需要特地讓孩子做割包皮的手術。

常見生殖疾病 3

陰囊水腫（積水）

在換尿布的時候，寶寶一用力鼠蹊部就會腫起一包嗎？
或是男寶兩邊陰囊看大小不一呢？和疝氣相似的陰囊水腫也是
小兒常見疾病，以下一一起來看看要怎麼辨認和處理吧！

主要症狀：陰囊處腫脹、疼痛感

好發年紀：1 歲前，5% 的寶寶會出現陰囊水腫

好發季節：無特定時間

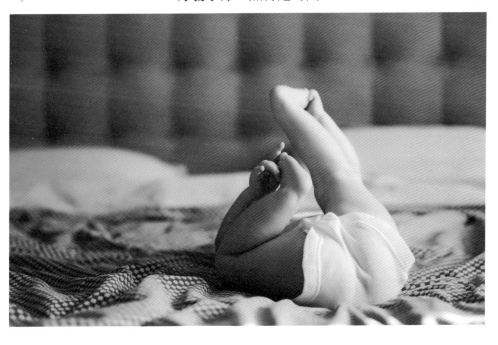

什麼是陰囊水腫？

通常出生前，男寶的睪丸已經從後腹腔沿腹股溝下降到陰囊，且通道會完全閉合。但有些寶寶因不明原因，通道沒有完全關閉，所以腹部的水流入陰囊而積水，外觀看起來會有水袋一般的囊腫，也有可能兩邊陰囊大小不同，有時會伴隨疼痛感。

男寶剛出生的時候會有這種現象，可稱為「先天性陰囊水腫」，可能會持續到一歲，有的腫脹會變大，但通常隨著時間會慢慢吸收不見，變成正常皺皺的樣子。

另外，女寶也有腱鞘膜的構造，也有可能會在陰唇地方水腫，這裡則改稱「腹股溝管水腫」。不過一樣不會有什麼症狀，大多也會自己吸收慢慢好。

陰囊積水和疝氣一樣嗎？

正常狀況是睪丸帶著一部分的鞘膜從腹腔下降到陰囊後，通道會閉合，一旦沒關閉好的話就會水腫，如果最後連腸子也掉下來的話，就會變疝氣，所以陰囊積水和疝氣的狀況很有可能會一起出現，不過疝氣發生時，代表通道也不會自動癒合了，需要盡快進行手術，手術會以迷你切口從鼠蹊部進入，找到通往陰囊的鞘狀突處理後加以結紮即可，通道閉合後兩者就能一起治癒。

怎麼治療和照顧陰囊水腫？

寶寶確定有陰囊水腫其實不需要太擔心，如果孩子不會痛，也沒有哭鬧等其他特別的症狀，建議可以先採取會自然痊癒的心情觀察到 1 歲，若屆時狀況沒有改善，甚至變大的的話，通常是合併疝氣，這個時候再進行手術開刀即可。

外陰炎、陰道炎

女寶天生條件上性器官比男寶再脆弱一點，因為尿道更接近肛門，
所以外陰炎也是相當常見的嬰幼兒疾病。如果孩子有煩躁不安，
且有異常的分泌物，手會不自覺抓陰部，就要留意是否為陰道部位發炎了。

主要症狀：紅腫、分泌物、異味，因疼痛搔癢而哭鬧不安
好發年紀：2-9 歲女寶
好發季節：無特定時間

外陰炎是怎麼造成的？

外陰炎的症狀會有外觀紅腫、搔癢疼痛、分泌物增加，以及頻尿和排尿疼痛的狀況。通常是因為孩子長時間包覆尿布，造成皮膚和排泄物的細菌感染外陰部，另外也有可能是貼身衣物的材質不透氣，因為幼兒的陰道黏膜比較脆弱，外陰皮膚摩擦受傷就容易受細菌感染。

其實，女寶剛出生的時候陰道缺乏菌叢，這個時候如果沒有注意衛生就有可能產生外陰炎。

陰道炎比外陰炎嚴重嗎？

陰道炎多伴有外陰炎，出現陰道炎的原因多跟日常生活習慣有關，症狀與反應跟外陰炎大多雷同。不過檢查出陰道炎後需要轉婦產科，大部分會用抗生素治療。

怎麼照顧陰部發炎的女寶？

若是在女寶陰部處發現白色的汙垢，大多是剛出生的胎脂，只要在每天洗澡時，或是擦屁股的時候清潔掉就好。維持良好的清潔習慣，可以大幅降低陰部發炎的情形。另外，也要留意清洗屁股的方向，務必由上往下沖洗，以及由前往後擦，且要避免在浴盆浸泡陰部。

Chapter3

0-3 歲寶寶最常見的意外事故！緊急處理 & 預防對策

寶寶被蚊蟲叮咬

在潮濕的台灣，幾乎不可避免遭受蚊子攻擊，
尤其只要到戶外一趟，孩子的身體就會出現紅癢的咬痕。
一起來了解當孩子被蚊蟲攻擊時該如何處理吧！

寶寶最常被蚊蟲叮咬的情況

　　蚊子特別喜歡體溫高、活動範圍小的寶寶。當寶寶被蚊子叮咬時，典型的反應是立即發紅腫脹，之後形成癢且硬的丘疹。特別的是，一部分的孩子因為身體的免疫系統較不成熟，叮咬處可能在數小時內腫得又紅又大，甚至還有疼痛感，大概持續一週左右才消除。但這種大局部的反應通常隨著年紀長大會改善。

　　另外，假如居住環境有養寵物，還有被跳蚤咬的風險。跳蚤的咬痕會呈現線性或非毛囊模式的分布，外觀為一片的丘疹，伴隨強烈癢感，甚至可以誘發丘疹性蕁麻疹。

立即處理法

　　為減緩寶寶搔癢以及腫脹不適，可以先用清水肥皂清洗後，用紗布巾包覆冰敷袋冰敷，如果有止癢外用乳膏也可以搭配使用。對於容易產生較大局部反應的兒童，在蚊蟲多的地區可以考慮定時服用抗組織胺。如果已經被叮咬了則可以使用局部類固醇藥膏。如果紅腫太嚴重無法判斷是否有感染，也建議就醫讓醫師評估。另外，也要避免孩子一直搔抓而產生傷口增加感染的風險。

預防對策

　　清除居家周圍的積水容器，避免潮濕髒亂的環境可減少蚊蟲孳生。若是要到戶外出遊，也務必幫寶寶噴上防蚊液，或盡量穿淺色的長袖衣褲和襪子。依照美國兒科醫學會的建議，濃度 10-30% 的 DEET（敵避）在嚴格遵照指示下可以安全的使用在 2 個月以上的兒童。此外新的 Picaridin（派卡瑞丁）幾乎沒有毒性，若有註明可以使用在裸露皮膚便能安心使用（目前產品僅建議 2 歲以上孩童使用）。

　　如果家中沒有明顯動物傳染媒介，但出現疑似跳蚤咬痕，可以使用殺蟲劑或是增加吸塵次數來減少跳蚤停留。若是家裡有寵物，就務必要處理寵物身上的跳蚤了，尤其貓咪會鑽到更隱密的地方，所以家中有養貓咪的爸媽要更留意環境清潔。

Unit 2

寶寶被食物噎到或嗆到

對於東摸西摸就放進嘴巴的孩子而言，
除了危險物品之外，日常的飲食方式也暗藏玄機。
因此，了解如何「吃對」可以大幅減低孩子噎到或嗆到的機率。

寶寶最常噎到或嗆到的狀況

嗆到是指食物進入氣道而發生咳嗽等症狀。吃奶或喝水時都可能發生，尤其喝奶速度太快，或是餵食的姿勢不好。此外溢吐奶發生的時候，也常導致寶寶口鼻中有奶水而有嗆咳的動作。噎到是指食物阻塞了呼吸道，導致呼吸困難的症狀。當孩子吃到比較大塊或圓形的堅硬食物，很容易處理不好而噎到，產生呼吸困難或窒息等危險的情況。

立即處理法

如果看到大量的奶從寶寶的口鼻溢出，可以將寶寶的頭側向一邊，讓奶自然流出，或用吸球將口鼻的奶吸掉。如果有咳嗽的狀況則表示有嗆奶的情形，這時可以輕拍寶寶的背部幫助清除呼吸道中的奶水，再觀察恢復情形。如果嗆奶後有發燒或喘的情況，則必須小心有吸入性肺炎的可能，需要進一步評估。

1 歲以下的嬰兒噎到時可以採用「拍背戳胸法」。將寶寶臉朝下，屁股高頭低的姿勢拍背 5 下。接著把寶寶翻面用兩指在胸骨處按壓 5 下後，檢查口腔是否可以取出食物。1 歲以上的孩子可以用「哈姆立克法」。從後方環抱孩子，一手握拳對準肚臍和胸骨下緣之間，另一手覆蓋其上快速向後上方擠壓排除異物。若寶寶在急救過程失去意識，則立刻改做 CPR，並盡快送醫救援。

預防對策

嗆奶是保護呼吸道的機制，為了減少嗆奶，可以檢查奶瓶出奶的速度、餵奶的姿勢等等。預防溢吐奶的發生同樣也可以減少嗆奶。為了減少嬰幼兒的窒息，將食物切成不超過 1 公分的碎塊。鼓勵孩子好好咀嚼，讓孩子坐下吃飯，不應該在吃東西時跑、走或玩耍。注意大孩子，許多窒息是由於大孩子給年幼孩子危險的食物而引起的。讓以下食物遠離 4 歲以下兒童：熱狗、花生、堅果和種子、大塊肉、整顆葡萄、硬或很黏的糖果、爆米花、整塊的花生醬、口香糖。

寶寶撞到或跌落

在診間有不少爸媽慌慌張張的來問說「孩子從床上摔下來，會不會有問題？」
這個年紀的孩子很容易發生跌倒、撞到和摔倒的意外，且傷害可大可小，
這個章節要來談談這些意外傷害該怎麼處理。

寶寶最常撞到或跌落的狀況

寶寶隨著年紀的發展，孩子大約在 5-6 個月會翻身，7-8 個月學會坐，並在 10 個月後開始站立和學步，這些值得開心的成長行為，也同時是寶寶開始暴露在危險中的開始。0-4 歲的孩子有較高的風險發生跌落等事件導致的受傷。例如從床上或椅子上掉下來、坐學步車翻倒、比較嚴重的則像是從窗戶跌落等等、也有發生過從家長的手中掙脫掉下來的。這些可能造成嬰幼兒的頭頸部受傷以及肢體的骨折，必須小心謹慎預防。

立即處理法

跌落發生時，需要評估創傷性腦部損傷的風險，其中需要考慮孩子跌倒力道和著地方式，以及出現的症狀和身體檢查的發現。

家長必須密切留意寶寶的意識是否完全正常，有無嗜睡、活力下降的情形、四肢力量是否對稱、眼睛運動是否正常有無偏斜、是否有明顯的頭血腫或骨折、是否有嘔吐超過三次，如果有以上提到的異常就需要就醫檢查。

此外如果跌落的高度在「小於 2 歲大於 90 公分」，以及「2 歲以上大於 150 公分」也必須當成是高風險患者評估。因為擔心有延遲的顱內出血，所以必須在醫師評估後照腦部電腦斷層檢查才能確認。

預防對策

隨著孩子發育成長，不同階段有不同的注意事項。會翻身爬行之後盡量在活動範圍鋪上軟墊和圍欄，並且確保有放置床邊護欄。會行走之後則應該多注意從椅子、窗戶等跌落的風險。安全柵門、桌角防撞保護套、減少嬰兒學步車的使用，以及窗戶安全裝置等都相當有效的減少兒童跌落受傷的風險，讓孩子在各個發展階段都能更放心的成長。

寶寶誤食不明物體

孩子進入口腔期的年紀後，最喜歡將隨手可得的物品放進嘴裡，
甚至會不自覺就吞下肚，所以家裡的東西必須更仔細小心的收納！
若不小心誤食不明物體時，可以參考以下幾點建議。

寶寶意外吃進不明物體的常見狀況

家中隱藏著許多危險物質，寶寶如果不小心誤食可能會導致有害健康的後果，包含家用清潔劑、藥物或生活物品（例如鈕扣電池和磁鐵），在攝入體內後會造成重大風險。由於幼兒（1-3 歲）和學齡前兒童在探索期，因好奇心以及活動能力的增加，拿到任何東西都習慣往嘴裡塞，發生意外吞入的風險更高。

立即處理法

當懷疑吞入毒性物質或異物的幼童仍然清醒、正常呼吸、沒有表現出強烈不適的時候，建議帶著可疑物品或包裝就醫，醫生會評估可疑物質是否需要洗胃、是否使用活性碳、有無解毒劑等等來做處理。

如果幼童的意識發生改變或是呼吸狀況不穩定，則建議立即聯絡救護車送醫。請不要輕易催吐，避免腐蝕性物質的二次傷害，此外意識不清時的嘔吐有可能引發吸入性肺炎。

預防對策

家長可以確認家中最常見的幾種家庭用品，包括藥物、家用清潔劑（常見於馬桶、排水管和烤箱清潔劑等等）和異物（包含鈕扣電池、強力磁鐵等等），這些都容易讓 5 歲以下兒童誤食。

其他的建議事項包含：

一、使用原始標示的包裝與容器。

二、將物品存放在幼童無法取得，也無法看見的高處。

三、毒性強的藥物可能吞入一次就危及生命，若家中有高血壓、高血糖等慢性病患者，或是心律不整的人，其降血糖藥、β 受體阻斷劑、三環抗鬱劑等處方藥皆必須格外小心。

四、標示兒童安全的容器不代表永遠安全，有可能因為使用久了毀損變形而降低其保護性。

寶寶被夾傷、割傷

活潑好動的孩子總喜歡東摸西摸，有時候一不注意手指放到門縫或抽屜，
或是不小心被紙類或其他有尖角的物品劃傷肌膚等等，
雖然小傷口不會生命危險，但還是要注意幾點事項避免後續感染。

寶寶最常發生被夾傷、割傷的狀況

夾傷通常會發生在窗戶、櫃子抽屜、門等孩子玩耍時地方。大部分都是手指的夾傷，可能會有瘀青、手指腫脹或是指甲變形的狀況。而割傷比較常見於家長未收拾好鋒利物品而誤觸，產生傷口破皮及流血。

立即處理法

夾傷後有瘀青、腫脹可以先冰敷緩解不適，若有明顯變形或是孩子持續有疼痛無法緩解、哭鬧等情形的話，建議到醫院評估是否有骨折情形。而割傷則需要先初步處理，請先以乾淨紗布加壓止血，血停止後用乾淨的水或食鹽水清潔傷口，再用優碘消毒，最後包紮。若傷口並非遭受汙染物品割傷，可以在清潔傷口後直接使用抗生素藥膏塗抹，減少傷口刺激與色素沉澱。若傷口超過一公分，請至醫院縫合。回到家後，也要確保傷口處乾燥跟清潔，避免造成感染。

預防對策

尖銳鋒利的物品務必收拾在孩子不容易拿取的地方。平時在家中可以提醒孩子手不要靠近窗戶、門及櫃子的夾縫，關閉門窗時也要避免小朋友靠近。或是可以使用安全扣，避免孩子隨意地自由開關。

寶寶被燙傷

最容易燙傷的年紀是孩子 1-3 歲的時候，
因為孩子正在四處探索學步，也愛東抓西抓，
尤其在廚房浴室這樣日常的環境中，更是潛藏著燙傷的意外危機。

寶寶最常被燙傷的狀況

燙傷有各種類型，包含熱液燙傷、接觸性燙傷、電灼傷、化學灼傷和火焰燒傷。9 成的兒童燒燙傷發生在家中，尤其是廚房。幼兒（1-3 歲）具有較高的燒傷風險，因為這個階段的孩子可以隨意移動的，而且處於以感覺及動作去探索為特徵的發育階段，加上反應時間較短、認知能力不足，所以無法理解潛在危險。

孩子意外燙傷的情形相當常見，例如洗澡的時候沒有注意水溫而使用過熱的水，或是孩子已經能自由行動時，隨手抓到廚房中高溫的物品或食物等等很容易發生燙傷意外。嚴重或大面積的燒燙傷不只產生不可抹滅的傷痕，甚至可能導致兒童的死亡，所以不可不慎防燒燙傷。

立即處理法

燒燙傷的緊急處理方式，也就是最耳熟能詳的五步驟「沖、脫、泡、蓋、送」。第一步，家長必須立刻用大量的流動冷水沖孩子燙傷部位 15-30 分鐘，也可以直接浸泡冷水，讓皮膚溫度下降，而這裡也要注意若燙傷部位有衣物覆蓋，請連同衣物一起沖水。到下一個步驟才小心地「脫」除孩子的衣物，如果跟皮膚黏著了，請不要強行處理。接下來是「浸泡 15-30 分鐘冷水」，但因為孩童容易失溫，需注意水溫或是避免浸泡過久，最後簡單用紗布「覆蓋」患部，「送」往醫院治療。

這裡要提醒各位爸爸媽媽，在緊急處理的過程中，並不建議敷抹外用藥或民間偏方，這也是常見的錯誤處理方式，為了讓醫療人員容易辨識傷口以及減少傷口感染，按照五步驟流程處理後直接送往醫院治療即可。

預防對策

燒燙傷的危險就在日常生活，爸爸媽媽們需要多一份警覺，例如放洗澡水可以先放冷水再放熱水、在廚房門口設置圍欄不讓孩子隨意進出，還有用餐時不在孩子周圍擺放熱鍋等等，對於沒有使用的插座蓋上安全蓋等等，都能避免遺憾發生。

幫寶寶準備專用醫藥箱

寶寶出生後，從翻身、爬行到學步，難免會發生意外或緊急狀況。
爸爸媽媽們可以在家備好一個醫藥箱，以備不時之需。
由兒科醫師列出寶寶可安心使用的藥品清單，跟著準備不會錯。

我們可以按以下分類準備各式藥品，開封後留意藥品的使用期限，建議準備小包裝，存放在櫃子等乾燥陰涼的地方再扣上安全鎖，確保孩子不會誤拿喔！

消耗性衛材	冰／熱敷袋 耳溫體溫計 食鹽水 紗布 透氣膠帶 棉花棒 ok 繃 吸鼻器
外用藥膏類	優碘 抗生素藥膏 止癢藥膏 凡士林
口服藥品類	退燒止痛藥 抗組織胺 益生菌

※ 特別叮嚀：孩子若使用含有薄荷醇／薄荷腦等薄荷成分的藥品，可能因為神經反應造成呼吸抑制、癲癇等不良反應，所以常見帶有涼感的綠油精、白花油等藥物，都不適合 2 歲以下的孩子。

嬰幼兒預防接種時程表

接種年齡	疫苗種類	
出生 24 小時內	B 型肝炎疫苗	第一劑
出生滿 1 個月	B 型肝炎疫苗	第二劑
出生滿 2 個月	白喉、百日咳、破傷風五合一疫苗	第一劑
	13 價結合型肺炎鏈球菌疫苗	
出生滿 2 個月	口服輪狀疫苗	第一劑
出生滿 4 個月	白喉、百日咳、破傷風五合一疫苗	第二劑
	13 價結合型肺炎鏈球菌疫苗	
出生滿 5 個月	卡介苗	一劑
出生滿 6 個月	B 型肝炎疫苗	第三劑
	白喉、百日咳、破傷風五合一疫苗	
出生滿 6 個月	流感疫苗（每年 10 月起接種）	第一劑
	流感疫苗 （初次接種需接種第二劑）	第二劑（隔四週）， 之後每年一劑
出生滿 6 個月	13 價結合型肺炎鏈球菌疫苗	第一劑
出生滿 12 個月	麻疹腮腺炎德國麻疹混合疫苗	第一劑
	水痘疫苗	一劑
出生滿 12 個月 ～ 15 個月	13 價結合型肺炎鏈球菌疫苗	第三劑
	A 型肝炎疫苗	第一劑
出生滿 15 個月	日本腦炎疫苗 (活性減毒)	第一劑
出生滿 18 個月 ～ 21 個月	白喉、百日咳、破傷風五合一疫苗	第四劑
	A 型肝炎疫苗	第二劑 （隔 6 個月）

出生滿 27 個月	日本腦炎疫苗（活性減毒）	第二劑 （隔 12 個月）
出生滿 4～6 歲	水痘疫苗	第二劑
出生滿 5 歲至 入國小前	白喉破傷風非細胞性百日咳及 不活化小兒麻痺混合疫苗	一劑
	麻疹腮腺炎德國麻疹混合疫苗 Campak, MMR	第二劑

※底色標記處為除公費疫苗外，為使保護力更完整，兒科醫師建議自費施
　打的疫苗，

※ 資料來源：衛福部疾管署
※ 詳細資料可參考健兒手冊

～邀請您一起來體驗～
秀傳產後護理之家

媽咪們說：

「可以讓產後的孕婦得到良好的休息」

「讓我第一天到這裡就很放鬆的休息，有好心情奶量馬上大增」

「隨時可以請護理人員協助或諮詢，這對新手媽媽幫助很大，不會因為網路龐大資訊或是迷思亂了手腳」

「櫃檯／客服人員很親切，總是笑容滿滿」

「館內給媽咪的課程多，也有給媽媽好好放鬆的SPA和專業洗頭」

「特別喜歡豐富的大寶遊戲區，讓小寶待在館內不無聊」

試營運大半年以後，秀傳產後護理之家收到滿滿的暖心回饋。 我們的用心，大家都看見了！

從初期規劃開始，我們堅持給客人最好的東西---台灣品牌的哺乳衣，有機棉寶寶用品，手工精品傢具，各房配置獨立冷暖空調，紫外線濾水器，微波爐，溫奶器與消毒鍋。許多客人一進門的反應都是「哇，這是高級飯店吧？！」

為了同住家人的舒適，我們規劃男人窩與大寶遊戲區，隱密的SPA室，寬敞明亮的訪客休息區等等。同時引進秀傳醫療體系的豐沛醫療資源，備有定時專科醫師巡房，與婦產科，小兒科以及中醫師等的專業講座；搭配業界少見的資深護理團隊與客服團隊，不僅希望產後媽咪與新生寶寶可以放心休息，而是全家人在這兒都可以賓至如歸，如家般溫馨舒適。

真的很推薦產後媽咪們
來這裡好好放鬆休息～
懷孕的媽咪們，
有考慮月子中心的還在猶豫什麼？
趕快來秀傳產後護理之家體驗吧！

台灣廣廈 國際出版集團
Taiwan Mansion International Group

國家圖書館出版品預行編目（CIP）資料

權威醫療團隊寫給妳的寶寶安心副食品×病症照護全攻略：兒科醫師×營養師專為0～3歲孩子
設計，100道聰明副食品與31大症狀意外照護全書！／林圓真、吳宗樺、張日錦、楊樹文、林劭儒
, 彰化秀傳暨彰濱秀傳醫院著. -- 新北市：臺灣廣廈有聲圖書有限公司, 2021.11
　　面；　公分
　ISBN 978-986-130-514-1(平裝)

1.育兒 2.小兒營養 3.食譜 4.健康照護

428.3　　　　　　　　　　　　　　　　　　　　　　　110017497

權威醫療團隊寫給妳的寶寶安心副食品 × 病症照護全攻略
兒科醫師 × 營養師專為0～3歲孩子設計，100道聰明副食品與31大症狀意外照護全書！

作　　　者／林圓真・吳宗樺・張日錦・ 　　　　　　楊樹文・林劭儒 　　　　　　（彰化秀傳暨彰濱秀傳醫院）	編輯中心編輯長／張秀環 編輯／黃雅鈴 封面設計／林珈仔・內頁排版／菩薩蠻數位文化有限公司 製版・印刷・裝訂／東豪・弼聖・秉成

行企研發中心總監／陳冠蒨　　　媒體公關組／陳柔彣
　　　　　　　　　　　　　　　綜合業務組／何欣穎

發　行　人／江媛珍
法 律 顧 問／第一國際法律事務所 余淑杏律師・北辰著作權事務所 蕭雄淋律師
出　　　版／台灣廣廈
發　　　行／台灣廣廈有聲圖書有限公司
　　　　　　地址：新北市235中和區中山路二段359巷7號2樓
　　　　　　電話：（886）2-2225-5777・傳真：（886）2-2225-8052

代理印務・全球總經銷／知遠文化事業有限公司
　　　　　　地址：新北市222深坑區北深路三段155巷25號5樓
　　　　　　電話：（886）2-2664-8800・傳真：（886）2-2664-8801
郵 政 劃 撥／劃撥帳號：18836722
　　　　　　劃撥戶名：知遠文化事業有限公司（※單次購書金額未達1000元，請另付70元郵資。）

■出版日期：2021年11月
ISBN：978-986-130-514-1